(第2版)

数字电子技术

吴小花 ◎ 主编

SHUZI DIANZI JISHU

广东高等教育出版社
Guangdong Higher Education Press
·广州·

内容简介

本书是依据高等职业教育电气自动化技术专业《数字电子技术》教学大纲编写的,以完成项目任务为主线,链接相应的理论知识和技能实训,融"教、学、做"为一体,在编写中特别注重基本技能和应用能力的培养,注重职业素养和创新能力的培养,充分体现了高职课堂教学改革的新理念,更适应新时期高等职业教育的需要。

全书共分8章,内容包括:逻辑代数基础、逻辑门电路、组合逻辑电路、触发器、时序逻辑电路、脉冲波形的产生与整形、存储器与可编程逻辑器件、数/模和模/数转换器。每章都有内容提要、本章小结、实训项目和习题。

本书设置了逻辑事件、四路抢答器、十字路口交通信号灯定时控制系统、大规模数字集成器件、数/模和模/数转换等5个学习情境,编排了包括基本电路的功能测试、应用电路设计实训为内容的18个项目,贯穿全书。

本书可作为高职、高专院校的电子信息、通信、供用电、自动化、电气、机电一体化等电类专业的教材,也可供从事相应工作的技术人员、成人教育、职业培训、自学者参考。

图书在版编目(CIP)数据

数字电子技术/吴小花主编. —2版. —广州:广东高等教育出版社,2014.8
(2020.7重印)

ISBN 978-7-5361-5003-4

Ⅰ.①数… Ⅱ.①吴… Ⅲ.①数字电路-电子技术-高等职业教育-教材 Ⅳ.①TN79

中国版本图书馆 CIP 数据核定(2013)第 236699 号

出版发行	广东高等教育出版社
地　址	广州市天河区林和西横路
邮编	510500　电话:(020)87554152
网址	http://www.gdgjs.com.cn
印　刷	广州市穗彩印务有限公司
开　本	787毫米×1 092毫米　1/16
印　张	13.5
字　数	293千字
版　次	2010年9月第1版　2014年8月第2版
印　次	2020年7月第5次印刷
定　价	32.00元

再 版 前 言

《数字电子技术（第2版)》是在保持原版的教材内容、理论体系和风格的基础上，根据高职高专教育数字电子技术基础课程教学基本要求，本着"项目引导、任务驱动、教学做一体化"的原则进行修订的。编写本教材第2版的指导思想是：保证基础、精选内容、突出重点、加强应用、便于教学、利于自学。《数字电子技术（第2版)》保持了原版的体系、内容和特点，同时还广泛吸取了使用本教材的师生的意见与建议。本次修订除纠正了原版中存在的错漏符号、图形等不规范的问题外，考虑到许多院校在安排教学计划时先安排上数字电路，再上模拟电路的习惯，如第八章的数/模和模/数转换器，把习题部分关联到模拟电子知识较多以及理论推导繁杂的有关内容删除了。为便于学生自学自测和巩固所学的知识，在书末增加了部分习题的参考答案。

由于编者水平有限，修订后的第2版教材一定还会有许多不尽如人意之处，恳请广大师生和读者批评指正。

编 者

2013年1月

前　言

根据新时期的高等职业教育要由"重视规模发展"转向"注意提高素质"的发展要求，本着"以就业为导向、以能力为本位、以服务为宗旨"的指导思想，我们深入开展了职业教育课程教学改革活动。结合作者多年的教学改革和实践经验，编写了《数字电子技术》。本书以电类专业共同具备的岗位职业能力为依据，遵循学生认知规律，紧密地结合了职业资格考证中对电子技能所做的要求。

本书具有如下几个主要特点：

1. 采用项目教学，内容突出"应用性、技能性和趣味性"。

2. 以完成项目任务为主线，连接相应的理论知识和技能实操，融教、学、做为一体，有利于教学互动。

3. 本书适合实施"边教、边学、边做"的教学方法。

建议课时为 64 节，建议与由华南理工大学出版，吴小花、龚兰芳主编的《电子技能训练与 EDA 技术应用》配套使用。

全书内容包括：逻辑代数基础、逻辑门电路、组合逻辑电路、触发器、时序逻辑电路、脉冲波形的产生与整形、存储器与可编程逻辑器件、数/模和模/数转换器。其中标有"*"号的部分建议作为选学内容，可根据学时多少取舍。

本书紧密结合高等职业教育特点，突出理论与实际紧密结合，强调技术应用，淡化电路的内部结构和工作原理，每章都安排了实训项目，通过项目任务的引领，将理论知识融入其中，使学生能够学以致用，既可以激发学生的学习兴趣，又能培养学生的实操能力。

本书由广东水利电力职业技术学院吴小花编写，编写过程中曾得到李殊骁教授和学院电子教研组同事们的热情支持，在此谨向他们表示衷心的感谢。

由于时间仓促和编者水平所限，书中一定还会有疏漏和错误之处，殷切地期望广大读者给予批评和指正。来信可通过 E-mail 发至 xhua_225@163.com 或 wuxh@gdsdxy.cn。

编　者

2010 年 3 月

目 录

学习情境一　逻辑事件 …………………………………………………………………… （1）
第一章　逻辑代数基础 …………………………………………………………………… （2）
　1.1　概述 …………………………………………………………………………………… （2）
　1.2　数制和码制 …………………………………………………………………………… （3）
　　1.2.1　几种常用的数制 ………………………………………………………………… （3）
　　1.2.2　不同数制间的相互转换 ………………………………………………………… （4）
　　1.2.3　常用的二进制代码 ……………………………………………………………… （7）
　1.3　逻辑代数基础 ………………………………………………………………………… （8）
　　1.3.1　逻辑代数中的三种基本运算 …………………………………………………… （8）
　　1.3.2　逻辑代数的基本公式和基本定律 ……………………………………………… （11）
　　1.3.3　逻辑函数及其表示方法 ………………………………………………………… （13）
　1.4　逻辑函数的化简方法 ………………………………………………………………… （17）
　　1.4.1　逻辑函数的公式化简法 ………………………………………………………… （17）
　　1.4.2　逻辑函数的卡诺图化简法 ……………………………………………………… （18）
　本章小结 …………………………………………………………………………………… （26）
◆ 实训项目　信号灯的逻辑控制 ………………………………………………………… （28）
　习题 ………………………………………………………………………………………… （31）

学习情境二　四路抢答器 ………………………………………………………………… （33）
第二章　逻辑门电路 ……………………………………………………………………… （34）
　2.1　概述 …………………………………………………………………………………… （34）
　2.2　分立元件门电路 ……………………………………………………………………… （35）
　　2.2.1　二极管、三极管的开关特性 …………………………………………………… （35）
　　2.2.2　分立元器件门电路 ……………………………………………………………… （36）
　2.3　复合逻辑门电路 ……………………………………………………………………… （38）
　2.4　TTL 集成门电路 ……………………………………………………………………… （39）
　2.5　CMOS 集成门电路 …………………………………………………………………… （42）
　2.6　TTL 与 MOS 集成电路的区别及使用注意事项 …………………………………… （43）
　本章小结 …………………………………………………………………………………… （44）

- ◆ 实训项目一　逻辑门电路的基本功能测试 …………………………………（45）
- ◆ 实训项目二　由门电路构成的四路抢答器的设计、制作与测试 …………（48）
- 习题 ……………………………………………………………………………（51）

学习情境三　十字路口交通信号灯定时控制系统 ……………………………（53）

第三章　组合逻辑电路 ………………………………………………………（54）

- 3.1　概述 ………………………………………………………………………（54）
- 3.2　组合逻辑电路的分析方法与设计方法 …………………………………（55）
  - 3.2.1　组合逻辑电路的基本分析方法 …………………………………（55）
  - 3.2.2　组合逻辑电路的设计方法 ………………………………………（56）
- 3.3　常用的组合逻辑电路 ……………………………………………………（58）
  - 3.3.1　加法器 ……………………………………………………………（58）
  - 3.3.2　数值比较器 ………………………………………………………（61）
  - 3.3.3　编码器 ……………………………………………………………（63）
  - 3.3.4　译码器 ……………………………………………………………（66）
  - 3.3.5　数据选择器及数据分配器 ………………………………………（73）
- 3.4　组合逻辑电路中的竞争-冒险现象 ……………………………………（75）
  - 3.4.1　竞争-冒险现象及其产生原因 …………………………………（75）
  - 3.4.2　消除竞争-冒险现象的方法 ……………………………………（75）
- 本章小结 ………………………………………………………………………（76）
- ◆ 实训项目一　编码器、译码器功能测试 …………………………………（77）
- ◆ 实训项目二　九级电压判别器电路设计与制作 …………………………（81）
- ◆ 实训项目三　三人表决器的逻辑电路设计与制作 ………………………（83）
- 习题 ……………………………………………………………………………（85）

第四章　触发器 ………………………………………………………………（87）

- 4.1　概述 ………………………………………………………………………（87）
- 4.2　RS 触发器 ………………………………………………………………（88）
  - 4.2.1　基本 RS 触发器 …………………………………………………（88）
  - 4.2.2　同步 RS 触发器 …………………………………………………（89）
- 4.3　D 触发器 …………………………………………………………………（91）
  - 4.3.1　同步 D 触发器 ……………………………………………………（91）
  - 4.3.2　边沿 D 触发器 ……………………………………………………（91）
- 4.4　边沿 JK 触发器 …………………………………………………………（92）
- 4.5　T 触发器 …………………………………………………………………（93）
- 4.6　T'触发器 …………………………………………………………………（94）
- 4.7　时钟触发器逻辑功能的相互转换 ………………………………………（94）
- 本章小结 ………………………………………………………………………（96）

- ◆ 实训项目— 触发器功能测试 …………………………………………………（97）
- ◆ 实训项目二 用D触发器改进四路抢答器电路实验与实训 ……………（99）
- 习题 ……………………………………………………………………………（101）

第五章 时序逻辑电路 ……………………………………………………（103）

- 5.1 概述 ………………………………………………………………………（103）
- 5.2 时序逻辑电路的分析方法 ………………………………………………（104）
  - 5.2.1 同步时序逻辑电路的分析方法 ……………………………………（104）
  - *5.2.2 异步时序逻辑电路的一般分析方法 ………………………………（108）
- 5.3 寄存器 ……………………………………………………………………（109）
  - 5.3.1 数码寄存器 …………………………………………………………（109）
  - 5.3.2 移位寄存器 …………………………………………………………（110）
- 5.4 计数器 ……………………………………………………………………（113）
  - 5.4.1 计数器概述 …………………………………………………………（113）
  - 5.4.2 二进制计数器 ………………………………………………………（113）
  - 5.4.3 集成十进制计数器 …………………………………………………（118）
  - 5.4.4 实现 N 进制计数器的方法 …………………………………………（119）
- 本章小结 ………………………………………………………………………（121）
- ◆ 实训项目— 四位简易频率计的设计与制作 ………………………………（122）
- ◆ 实训项目二 寄存器功能测试 ………………………………………………（128）
- ◆ 实训项目三 计数器功能测试 ………………………………………………（130）
- ◆ 实训项目四 二位可预置数的减法计数电路的设计与制作 ………………（132）
- 习题 ……………………………………………………………………………（134）

第六章 脉冲波形的产生与整形 …………………………………………（137）

- 6.1 概述 ………………………………………………………………………（137）
- 6.2 555定时器及其应用 ……………………………………………………（138）
  - 6.2.1 555定时器的电路结构与功能 ……………………………………（138）
  - 6.2.2 用555定时器构成多谐振荡器 ……………………………………（139）
  - 6.2.3 用555定时器构成施密特触发器 …………………………………（140）
  - 6.2.4 用555定时器构成单稳态触发器 …………………………………（142）
- 本章小结 ………………………………………………………………………（144）
- ◆ *实训项目— 555定时器基本功能测试 ……………………………………（145）
- ◆ 实训项目二 555定时器的典型应用 ………………………………………（147）
- ◆ *实训项目三 十字路口交通信号灯定时控制系统的设计、安装与调试 ……（149）
- 习题 ……………………………………………………………………………（156）

学习情境四　大规模数字集成器件 ·· (158)

第七章　存储器与可编程逻辑器件 ·· (159)

7.1　概述 ·· (159)
7.2　存储器及其应用 ··· (159)
7.2.1　随机存储器（RAM） ··· (159)
7.2.2　只读存储器（ROM） ·· (163)
7.2.3　用存储器实现组合逻辑函数 ··· (165)
*7.3　可编程逻辑器件 ·· (167)
本章小结 ·· (170)
◆ *实训项目　EPROM 构成多路序列信号发生器 ·· (171)
习题 ·· (176)

学习情境五　数/模和模/数转换 ·· (177)

第八章　数/模和模/数转换器 ·· (178)

8.1　概述 ·· (178)
8.2　D/A 转换器 ·· (178)
8.2.1　D/A 转换器的基本原理 ·· (178)
8.2.2　倒 T 型电阻网络 D/A 转换器 ·· (179)
8.2.3　权电阻网络 D/A 转换器 ·· (180)
8.2.4　D/A 转换器的主要技术指标 ·· (181)
8.2.5　常用的集成 D/A 转换器芯片 ··· (182)
8.3　A/D 转换器 ·· (184)
8.3.1　A/D 转换器的基本原理 ·· (184)
8.3.2　并行比较型 A/D 转换器 ·· (186)
8.3.3　逐次逼近型 A/D 转换器 ·· (187)
8.3.4　双积分型 A/D 转换器 ·· (188)
8.3.5　A/D 转换器的主要技术指标 ·· (190)
本章小结 ·· (191)
◆ 实训项目一　加法计数器 D/A 功能测试 ··· (192)
◆ 实训项目二　ADC0809 A/D 功能测试 ··· (194)
习题 ·· (197)

部分习题参考答案 ·· (198)

学习情境一　逻辑事件

逻辑事件在日常生活中随处可见，如家庭照明用开关控制灯泡（管）、体育竞赛项目（如举重）中裁判判决、智力竞赛抢答控制等等。如果用不同的字母代表一个事件的各个环节和事件的结果，用数字表示事件和事件各个环节的状态，那么，我们就可以用字母写出代数关系式来表示事件结果与事件各环节之间的关系，即逻辑关系。

在这个学习情境中，通过设置项目——信号灯的逻辑控制，引入逻辑及逻辑控制的概念。

教学任务：

（1）介绍数字电子技术的发展与现状，了解数字电子技术的工程应用。

（2）介绍数字电子技术课程的功能与定位、主要内容、特点。

（3）基本逻辑事件的表示方法。

（4）逻辑变量与逻辑函数。

（5）逻辑函数的化简。

（6）Proteus ISIS 的操作方法。

（7）培养学生科学严谨的工作作风、认真负责的工作态度，培养较好的心理素质，具有团队合作的精神及良好的职业道德素养。

（8）培养学生搜查资料的能力。

（9）培养学生学习电子技术及后续课程的兴趣。

（10）培养学生的语言表达能力。

学习目标：

（1）了解数学逻辑的概念，理解"与""或""非"三个基本逻辑关系。

（2）熟悉各种进制及它们之间的转换。

（3）熟练掌握逻辑代数中的基本公式与常用定律、逻辑问题的描述方法、逻辑函数的化简与变换。

（4）熟悉 Proteus ISIS 7.1 仿真软件的使用。

（5）培养学习兴趣和认真做事的态度；培养表述、回答问题等语言表达能力。

教学实施：

教师示范、小组讨论、总结归纳、教师点评。

第一章　逻辑代数基础

　　逻辑代数是分析和设计数字电路的基本数学工具。本章介绍了有关数制和码制的基本概念，逻辑代数的基本概念、常用公式和定理，逻辑函数的几种表示方法；重点介绍了逻辑函数的公式化简法和卡诺图化简法。

1.1　概　　述

　　电子电路中的电信号分为两大类。一类是数字信号，是指在时间和幅值上都是离散的信号，例如数字显示仪表的显示值、计算机系统中各部件之间传输的信息等。另一类是模拟信号，是指在时间或数值上都是连续变化的信号。例如，从热电耦得到的电压或电流信号就是一个模拟信号，因为被测的温度不会发生突变，所以测得的电压或电流无论在时间上还是数值上都是连续的。习惯上把工作在数字信号下的电子电路叫做数字电路，把工作在模拟信号下的电子电路叫做模拟电路。

　　数字电路具有许多优点，如便于高度集成化、通用性强、保密性好、抗干扰性能强、稳定可靠、数字信息便于长期保存等。随着计算机科学与技术的发展，用数字电路进行信息处理的优势日益突出。为了充分发挥和利用数字电路在信息处理上的强大优势，我们可以将模拟信号转换成数字信号，然后送到数字电路进行处理，最后再将处理结果根据需要转换成相应的模拟信号。

　　数字信号通常用数码形式给出，不同的数码可以用来表示数量的不同大小。在用数码表示数量大小时，仅用一位数码往往是不够的，故经常需要用进位计数制的方法组成多位数码使用。我们把多位数中的每一位构成方法以及从低位到高位的进位规则称为数制。在日常生活中，人们习惯使用十进制，而在数字电路中则多采用二进制，有时也采用八进制和十六进制。

　　不同的数码不仅可以用来表示数量的大小不同，而且可以用来表示不同的事物或事物的不同状态。当用于表示不同事物时，这些数码就不再具有表示数值大小的含义了，只是不同事物的代号而已，通常把这些数码称为代码，正如在运动比赛中，为便于识别运动员，通常给每一位运动员编一个号码。各选手的号码没有数量大小的含义，只表示不同的运动员而已。为了便于记忆和查找，在编制代码时总要遵循一定的规则，这些规则就称为码制。每个人都可以根据自己的需要选定码制的规则，编制出一组代码。但为了信息交换的需要，必须制定一些大家共同使用的通用代码，例如 BCD 码、字符码等。

1.2 数制和码制

1.2.1 几种常用的数制

数制具有三个基本要素：基、权、进制。

基：数码的个数（也叫做基数）。

权：数码所在位置表示数值的大小（也叫做位权）。

进制：即进位规则，逢"基"进一。

一、十进制（Decimal）

十进制数是以 10 为基数的计数体制。10 个不同的数码是 0，1，2，3，4，5，6，7，8，9。其低位数和相邻高位数之间的关系是"逢十进一"。

任意一个十进制数 N，都可以用多项式表示为：

$$(N)_{10} = \sum_{i=-m}^{n-1} K_i 10^i \quad (n \text{ 是整数部分的位数，} m \text{ 为小数位数})$$

式中：N 为十进制数；

10^i 为第 i 位的权；

K_i 为第 i 位的系数。

例如：$312.25 = 3 \times 10^2 + 1 \times 10^1 + 2 \times 10^0 + 2 \times 10^{-1} + 5 \times 10^{-2}$ 可以书写成 $(312.25)_{10}$ 或 312.25_D，下标 D 表示十进制的形式。

二、二进制（Binary）

二进制是目前数字电路中应用最广泛的数制。二进制数是以 2 为基数的计数体制，每位数码的取值仅有 0 或 1 两个可能的数码，每位的权是 2 的幂。它的进位规则是"逢二进一"。

任何一个二进制数 N，都可以用多项式表示为：

$$(N)_2 = \sum_{i=-m}^{n-1} K_i 2^i \quad (n \text{ 是整数部分的位数，} m \text{ 为小数位数})$$

式中：N 为二进制数；

2^i 为第 i 位的权；

K_i 为第 i 位的系数。

例如：$(1011.011)_2 = 1 \times 2^3 + 0 \times 2^2 + 1 \times 2^1 + 1 \times 2^0 + 0 \times 2^{-1} + 1 \times 2^{-2} + 1 \times 2^{-3}$，也可以书写成 1011.011_B，下标 B 表示二进制的形式。

三、八进制数（Octal）

八进制数是以 8 为基数的计数体制。8 个不同的数码是 0，1，2，3，4，5，6，7。它的进位规则是"逢八进一"。

任意一个八进制数 N 都可以用多项式表示为：

$$(N)_8 = \sum_{i=-m}^{n-1} K_i 8^i \quad (n \text{ 是整数部分的位数}, m \text{ 为小数位数})$$

式中：N 为八进制数；

8^i 为第 i 位的权；

K_i 为第 i 位的系数。

例如：$(376.4)_8 = 3 \times 8^2 + 7 \times 8^1 + 6 \times 8^0 + 4 \times 8^{-1}$，也可以书写成 376.4_O，下标 O 表示八进制的形式。

四、十六进制数（Hexadecimal）

十六进制数是以 16 为基数的计数体制。16 个不同的数码是 0，1，2，3，4，5，6，7，8，9，A，B，C，D，E，F。它的进位规则是"逢十六进一"。

任意一个十六进制数 N 都可以用多项式表示为：

$$(N)_{16} = \sum_{i=-m}^{n-1} K_i 16^i \quad (n \text{ 是整数部分的位数}, m \text{ 为小数位数})$$

式中：N 为十六进制数；

16^i 为第 i 位的权；

K_i 为第 i 位的系数。

例如：$(3AB.11)_{16} = 3 \times 16^2 + 10 \times 16^1 + 11 \times 16^0 + 1 \times 16^{-1} + 1 \times 16^{-2}$，可以书写成 $(3AB.11)_{16}$ 或 $3AB.11_H$，下标 H 表示十六进制的形式。

1.2.2 不同数制间的相互转换

一、二进制数和十进制数的转换

1. 二—十转换

把二进制数转换为十进制数称为二—十转换。在进行转换时，只要将二进制按位权展开，然后将所有各项的数值按十进制数相加即可，例如：

$$(1011)_2 = 1 \times 2^3 + 0 \times 2^2 + 1 \times 2^1 + 1 \times 2^0 = 8 + 0 + 2 + 1 = (11)_{10}$$

2. 十—二转换

把十进制数转换为二进制数称为十—二转换。常用的方法是：整数部分用"除 2 取余法"，具体方法是：除 2 取余，直至商为 0，数的高位到低位的排列顺序为由下到上；小数部分用"乘 2 取整法"，具体方法是：乘 2 取整，取有效位，小数点后的高位到低位的排列顺序为所取整数的由上到下。

例 1 将 $(58)_{10}$ 转换为二进制数。

解：用除 2 取余法。

```
    2 | 58   …… 余0   最低位
    2 | 29   …… 余1     ↑
    2 | 14   …… 余0
    2 | 7    …… 余1
    2 | 3    …… 余1
    2 | 1    …… 余1   最高位
        0
```

把所有余数按箭头方向从高位到低位排列起来便得到：$(58)_{10} = (111010)_2$。

如果一个数既有整数，又有小数部分，则可分别对整数部分和小数部分进行转换，然后合并起来即可。

例 2　将十进制小数 58.812 5 转换为二进制小数。

解：从例 1 已经知道 $(58)_{10} = (111010)_2$。

```
        0.8125
      ×      2
      ────────
        1.6250  …… 整数部分=1, B₋₁=1   最高位
        0.6250
      ×      2
      ────────
        1.2500  …… 整数部分=1, B₋₂=1
        0.2500
      ×      2
      ────────
        0.5000  …… 整数部分=0, B₋₃=0
        0.5000
      ×      2
      ────────
        1.0000  …… 整数部分=1, B₋₄=1   最低位
```

可得，$(58.8125)_{10} = (111010.1101)_2$。

二、十六进制数和十进制数的转换

1. 十六进制数转换为十进制数

将十六进制数转换成十进制数的方法和将二进制数转换成十进制数的方法相似，即把想要转换的十六进制数按位权展开相加即可。

例 3　将十六进制数 3F5 转换成十进制数。

解：$3F5_H = 3 \times 16^2 + 15 \times 16^1 + 5 \times 16^0 = 1013_D$

2. 十进制数转换为十六进制数

将十进制数转换为十六进制数，用"除 16 取余"法，即将要转换的十进制数连续除以 16，直到商小于 16 为止，然后把各次余数按最后得到的为最高位，最先得到的为最低位，依次排列起来所得到的数即是所求的十六进制数。

例 4　求十进制数 3256 所对应的十六进制数。

解：用除 16 取余法，把 3256 连续除以 16，直到最后。

```
16 | 3256  ……余 8   写成十六进制  8   最低位
   16 | 203   ……余 11  写成十六进制  B   ↑
        12    ……余 12  写成十六进制  C   最高位
```

把所得余数按箭头方向从高到低排列起来便可得到：$(3256)_{10} = (CB8)_{16}$。

三、二进制数与八进制数、十六进制数之间的相互转换

1. 二进制数转换为八进制数

由于 3 位二进制一共有 8 个状态，而且它的进位输出逢 8 进 1，所以 3 位二进制数恰好相当于一位 8 进制数。因此，在将二进制数转换为八进制数时，只要将二进制数的整数部分从低位到高位每 3 位分为一组并代之以等值的八进制数，同时将小数部分从高位到低位每 3 位分为一组并代之以等值的八进制数即可。

例 5 将 $(001101111010.1011)_2$ 转换为八进制数。

解：二进制 001 101 111 010 . 101 100
       ↓   ↓   ↓   ↓   ↓   ↓
    八进制 1   5   7   2 . 5   4

$(001101111010.1011)_2 = (1572.54)_8$

2. 八进制数转换为二进制数

在将八进制数转换为二进制数时，只要按原来顺序把每一位八进制数用相应的 3 位二进制数来代替即可。

例 6 将 $(520.371)_8$ 转换为二进制数。

解：八进制 5   2   0 . 3   7   1
         ↓   ↓   ↓   ↓   ↓   ↓
    二进制 101 010 000 . 011 111 001

$(520.371)_8 = (101010000.011111001)_2$

四、二进制数与十六进制数之间的相互转换

1. 二进制数转换为十六进制数

由于 4 位二进制数恰好有 16 种状态，而把 4 位二进制数看作一个整体时，它的进位输出又正好是逢 16 进 1，所以只要从低位到高位将整数部分每 4 位二进制数分为一组并代之以等值的十六进制数，同时从高位到低位将小数部分每 4 位二进制数分为一组并代之以等值的十六进制数，即可得到对应的十六进制数。

例 7 将 $(001101111010.1011)_2$ 转换为十六进制数。

解： 二进制   0011 0111 1010 . 1011
     十六进制   3   7   A . B

$(001101111010.1011)_2 = (37A.B)_{16}$

2. 十六进制数转换为二进制数

在将十六进制数转换为二进制数时，只要按原来顺序把每一位十六进制数用等值的 4 位二进制数来代替即可。

◆ 第一章 逻辑代数基础

例8 将 $(9B3A5.28)_{16}$ 转换为二进制数。

解：十六进制　9　　B　　3　　A　　5 . 2　　8
　　　二进制　1001　1011　0011　1010　0101 . 0010　1000

即：$(9B3A5.28)_{16} = (100110110011101001.00101000)_2$

1.2.3 常用的二进制代码

将若干个二进制数码 0 和 1 按一定规则排列起来表示某种特定含义的代码，称为二进制代码，表 1-1 中列出了常见的 3 种二进制代码，它们的编码规则各不相同。

一、8421BCD 码

在有权 BCD（Binary Coded Decimal）码中，每 1 位十进制数均用一组 4 位二进制数码来表示，这 4 位二进制数码中的每 1 位都有固定权，表示固定的数值。

8421 码是十进制代码中最常用的一种 BCD 码。这种编码的优点是 4 位码之间满足二进制的规律；8、4、2、1 是 4 位二进制数所在位的权。将每一位的 1 代表的十进制数加起来，得到的结果就是它所代表的十进制数。

例如：$(01100011)_{8421BCD} = (63)_D$。

用 8421BCD 码表示 42609 应为：$(42609)_D = (01000010011000001001)_{8421BCD}$。

二、余 3 码

余 3 码的编码规则与 8421 码不同，如果把每一个余 3 码看作 4 位二进制数，则它的数值要比它所代表的十进制数码多 3，故将这种代码叫做余 3 码。余 3 码不是恒权代码。

三、格雷码

格雷码（Gray Code）又称循环码，其编码方式有多种，表 1-1 中仅列出其中一种。与普通二进制代码相比，格雷码的最大特点就是相邻两个代码之间只有一位发生变化，即编码中任意两个相邻数对应的代码中只有一位不同，其余各位均相同。这种码又称为单位距离码。单位距离码的最大优点是实现它的逻辑电路可靠性高，应用十分广泛。1.4.2 节中的卡诺图就使用了格雷码。

表 1-1 常见的二进制代码

十进制数	编码种类		
	8421BCD 码	余 3 码	格雷码
0	0000	0011	0000
1	0001	0100	0001
2	0010	0101	0011
3	0011	0110	0010
4	0100	0111	0110
5	0101	1000	0111

续上表

十进制数	编码种类		
	8421BCD 码	余 3 码	格雷码
6	0110	1001	0101
7	0111	1010	0100
8	1000	1011	1100
9	1001	1100	1101
权值	8421		

数字电路系统所采用的码制还有许多种，如字符码、ASCII 码等，各有其特点和应用场所，这里不再一一赘述。

1.3 逻辑代数基础

逻辑代数又称布尔代数或开关代数，是英国数学家乔治·布尔在 1849 年首先提出来的进行逻辑运算的数学方法。它是分析、设计数字电路的基础。

所谓"逻辑"，在这里是指事物间的因果关系。当两个二进制代码表示不同的逻辑状态时，它们之间可以按照指定的因果关系进行推理运算。我们就将这种运算称为逻辑运算。

在逻辑代数中，我们也用英文字母表示变量，这种变量称为逻辑变量。逻辑运算表示的是逻辑变量以及常量之间逻辑状态的推理运算。逻辑变量的取值只有 0 和 1 两种可能，这里的 0 和 1 已不再表示数量的大小，只代表两种不同的逻辑状态。

1.3.1 逻辑代数中的三种基本运算

一、逻辑关系

逻辑代数的基本运算有与运算、或运算、非运算三种。为便于理解它们的含义，下面通过我们已经熟悉的例子进行开展。

在图 1-1 (a) 中，只有当两个开关同时闭合时，指示灯才会亮；在图 1-1 (b) 中，只要有任意一个开关闭合，指示灯就会亮；在图 1-1 (c) 中，开关闭合时灯不亮，开关断开时指示灯反而亮了。

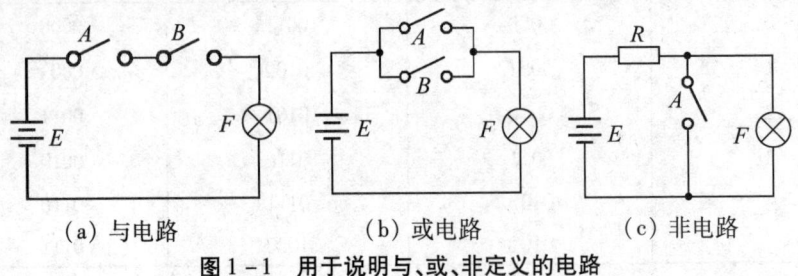

(a) 与电路　　　　　　(b) 或电路　　　　　　(c) 非电路

图 1-1　用于说明与、或、非定义的电路

如果把开关状态作为条件（或导致事件结果的原因），把灯亮作为结果，那么图 1-1 中的三个电路代表了 3 种不同的因果关系：

图 1-1（a）的例子表明，在决定事物结果的全部条件同时具备时，结果才发生。这种因果关系称为逻辑"与"，或称逻辑"乘"。

图 1-1（b）的例子表明，在决定事物结果的诸多条件中，只要有任何一个条件满足，结果就会发生。这种因果关系称为逻辑"或"，或称逻辑"加"。

图 1-1（c）的例子表明，条件具备了，结果便不会发生，条件不具备时，结果却一定会发生。这种因果关系称为逻辑"非"，或称逻辑"反"。

如果用 A、B 表示开关的状态，并以 1 表示开关闭合，以 0 表示开关断开；用 F 表示指示灯的状态，并用 1 表示灯亮，用 0 表示灯不亮，则可以列出真值表。所谓真值表是指用 0、1 表示输入逻辑变量各种可能取值的组合和对应的输出函数值排列成的表格。图 1-1 中的三个电路的真值表分别如表 1-2、表 1-3、表 1-4 所示。

表 1-2　与逻辑运算的真值表

输	入	输 出
A	B	F
0	0	0
0	1	0
1	0	0
1	1	1

表 1-3　或逻辑运算的真值表

输	入	输 出
A	B	F
0	0	0
0	1	1
1	0	1
1	1	1

表 1-4　非逻辑运算的真值表

输 入	输 出
A	F
0	1
1	0

二、逻辑运算符号和逻辑表达式

在逻辑代数中，将与运算、或运算、非运算看作是三种最基本的逻辑运算，并以"·"表示与运算，以"+"表示或运算，以变量上方的"‾"表示非运算。

（1）与运算的逻辑表达式：$F = A \cdot B$　　读作"A 与 B"。

（2）或运算的逻辑表达式：$F = A + B$　　读作"A 或 B"。

（3）非运算的逻辑表达式：$F = \overline{A}$　　读作"A 非"。

将实现与逻辑运算的单元电路叫做与门，实现或逻辑运算的单元电路叫做或门，实现非逻辑运算的单元电路叫做非门（也称为反相器）。

三、逻辑符号

图 1-2 中给出了与、或、非的图形符号。

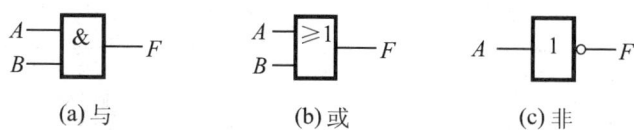

图 1-2　与、或、非的图形符号

实际的逻辑问题往往比与、或、非复杂得多，不过它们均可以用与、或、非的组合来实现。最常见的复合逻辑运算有与非、或非、与或非、异或、同或等。表1-5、表1-6、表1-7、表1-8、表1-9给出了这些复合逻辑运算的真值表。图1-3是它们的逻辑符号。

表1-5 与非逻辑真值表

输	入	输 出
A	B	F
0	0	1
0	1	1
1	0	1
1	1	0

表1-6 或非逻辑真值表

输	入	输 出
A	B	F
0	0	1
0	1	0
1	0	0
1	1	0

表1-7 与或非逻辑真值表

输		入		输 出
A	B	C	D	F
0	0	0	0	1
0	0	0	1	1
0	0	1	0	1
0	0	1	1	0
0	1	0	0	1
0	1	0	1	1
0	1	1	0	1
0	1	1	1	0
1	0	0	0	1
1	0	0	1	1
1	0	1	0	1
1	0	1	1	0
1	1	0	0	0
1	1	0	1	0
1	1	1	0	0
1	1	1	1	0

表1-8 异或逻辑真值表

输	入	输 出
A	B	F
0	0	0
0	1	1
1	0	1
1	1	0

表1-9 同或逻辑真值表

输	入	输 出
A	B	F
0	0	1
0	1	0
1	0	0
1	1	1

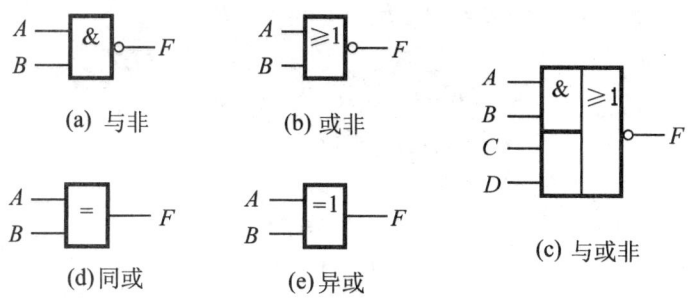

图 1-3 复合逻辑的图形符号

由真值表可见：

在与或非逻辑中，A、B 之间以及 C、D 之间都是与的关系，只要 A、B 或 C、D 任何一组同时为 1，输出 F 就是 0；只有当每一组输入都不全是 1 时，输出 F 才是 1。其逻辑表达式为：

$$F = \overline{AB + CD}$$

异或的逻辑关系是：当 A、B 不同时，输出 F 为 1；当 A、B 相同时，输出 F 为 0。其逻辑表达式为：

$$F = A\overline{B} + \overline{A}B = A \oplus B$$

同或和异或相反，当 A、B 不同时，输出 F 为 0；当 A、B 相同时，输出 F 为 1。其逻辑表达式为：

$$F = AB + \overline{A}\,\overline{B} = A \odot B$$

1.3.2 逻辑代数的基本公式和基本定律

一、基本公式

$$A + 0 = A \quad A \cdot 0 = 0$$
$$A + 1 = 1 \quad A \cdot 1 = A$$

二、基本定律

1. 还原律

$$\overline{\overline{A}} = A$$

2. 重叠律

$$A + A = A \quad A \cdot A = A$$

3. 互补律

$$A + \overline{A} = 1 \quad A \cdot \overline{A} = 0$$

4. 交换律

$$A + B = B + A$$
$$A \cdot B = B \cdot A$$

5. 结合律

$$A + B + C = (A + B) + C = A + (B + C)$$

$$A \cdot B \cdot C = (A \cdot B) \cdot C = A \cdot (B \cdot C)$$

6. 分配律

$$A \cdot (B + C) = A \cdot B + A \cdot C$$
$$A + B \cdot C = (A + B) \cdot (A + C)$$

7. 吸收律

$$A + A \cdot B = A$$
$$A + \overline{A} \cdot B = A + B$$

8. 反演律（德·摩根定律）

$$\overline{A + B} = \overline{A} \cdot \overline{B}$$
$$\overline{A \cdot B} = \overline{A} + \overline{B}$$

推广：

$$\overline{A + B + C + \cdots} = \overline{A} \cdot \overline{B} \cdot \overline{C} \cdots$$
$$\overline{A \cdot B \cdot C \cdots} = \overline{A} + \overline{B} + \overline{C} + \cdots$$

例 9 用真值表证明 $\overline{A + B} = \overline{A} \cdot \overline{B}$ 等式成立。

解：等式两边的真值表如表 1-10 所示。

表 1-10 例 9 的真值表

A	B	$\overline{A+B}$	$\overline{A} \cdot \overline{B}$
0	0	1	1
0	1	0	0
1	0	0	0
1	1	0	0

可见，$\overline{A + B}$ 与 $\overline{A} \cdot \overline{B}$ 的结果相等，故等式成立。

三、逻辑代数的三个基本规则

1. 代入规则

将等式两边的某一变量均用同一个逻辑函数代替，则等式仍然成立。

例 10 用代入规则证明摩根定律的二变量形式也适用于多变量的情况。

解：已知二变量的摩根定律为：

$$\overline{A + B} = \overline{A} \cdot \overline{B} \tag{1.3.1}$$
$$\overline{A \cdot B} = \overline{A} + \overline{B} \tag{1.3.2}$$

现以 $(B + C)$ 代入 (1.3.1) 式两边的 "B" 的位置，以 $(B \cdot C)$ 代入 (1.3.2) 式两边的 "B" 的位置，可以得到：

$$\overline{A + (B + C)} = \overline{A} \cdot \overline{B + C} = \overline{A} \cdot \overline{B} \cdot \overline{C}$$
$$\overline{A \cdot (B \cdot C)} = \overline{A} + \overline{B \cdot C} = \overline{A} + \overline{B} + \overline{C}$$

利用代入规则，可得到摩根定律的三变量形式，从而使摩根定律得以扩展。

说明：

（1）对一个乘积项或逻辑式求反时，应在乘积项或逻辑式外边加括号，然后对括号内的整个内容求反。

（2）在对复杂的逻辑式进行运算时，仍需遵守与普通代数一样的运算优先次序，即"先算括号里的内容，然后算乘法，最后算加法"。

2. 反演规则

对任意一个逻辑函数 F，将其中所有的"·"（注意：在逻辑表达式中，不致混淆的地方，"·"常被省略）换为"＋"，所有的"＋"换为"·"；所有的 0 换为 1，所有的 1 换为 0；所有的原变量换为反变量，所有的反变量换为原变量，这样所得到的结果就是 $\overline{F}$。这个规则称为反演规则。

反演规则常用于求一个已知逻辑函数的反函数。

例 11 已知 $F = A(B+C) + CD$，求 $\overline{F}$。

解：根据反演规则可写出：
$$\overline{F} = \overline{A(B+C) + CD} = \overline{A(B+C)} \cdot \overline{CD}$$
$$= (\overline{A} + \overline{B} \cdot \overline{C}) \cdot (\overline{C} + \overline{D}) = \overline{A}\,\overline{C} + \overline{A}\,\overline{D} + \overline{B}\,\overline{C} + \overline{B}\,\overline{C}\,\overline{D}$$
$$= \overline{A}\,\overline{C} + \overline{A}\,\overline{D} + \overline{B}\,\overline{C}$$

使用反演规则时需要注意两点：

（1）仍需遵守"先算括，然后乘，最后加"的运算优先次序。

（2）不属于单个变量上的反号应保留不变。

3. 对偶规则

所谓对偶规则，是指当两逻辑式相等，则它们的对偶式也相等。

对于任意一个逻辑式 F，将其中的"·"换为"＋"，"＋"换为"·"；"0"换为"1"，"1"换为"0"，这样得到一个新的逻辑式 F'，称 F' 为 F 的对偶式。或者说 F 和 F' 互为对偶式。

若 $F = A + BC$，则其对偶式 $F' = A \cdot (B+C)$；

若 $F = AB + \overline{CDE}$，则其对偶式 $F' = (A+B) \cdot \overline{C+D+E}$。

有时，为了证明两个逻辑式相等，也可以通过证明它们的对偶式相等来实现，因为有些情况下证明它们的对偶式相等更加容易。

例 12 试证明 $A + BC = (A+B)(A+C)$ 等式成立。

解：写出等式两边的对偶式

左边 $= (A + BC)' = A(B+C) = AB + AC$

右边 $= [(A+B)(A+C)]' = AB + AC$

左边 = 右边，等式成立。

1.3.3 逻辑函数及其表示方法

一、逻辑函数

从前面讲过的各种逻辑运算中可以看到，如果以逻辑变量作为输入，以运算结果作为输出，那么，当输入变量的取值确定之后，其输出值随之确定。因此，输出和输入之间是一种函数关系，这种函数关系称为逻辑函数关系。

二、逻辑函数的表示方法

1. 真值表

所谓真值表，是指将输入变量所有的取值下对应的输出值计算出来，并排列成表格，即可得到真值表。如表1-11所示，n个输入变量有2^n种取值组合。

例13 列出函数$F=A+B$的真值表。

解： 该函数F有两个输入变量A和B，共有$2^2=4$种输入取值组合，将它们分别代入函数表达式进行计算，得到相应的输出函数值。将输入、输出值一一对应列出，可得到表1-11所示的真值表。

表1-11 函数$F=A+B$的真值表

输	入	输 出
A	B	A+B
0	0	0
0	1	1
1	0	1
1	1	1

例14 列出函数$F=A+BC$的真值表。

解： 该函数F有三个输入变量A、B和C，共有$2^3=8$种输入取值组合，将它们分别代入函数表达式进行计算，得到相应的输出函数值。将输入、输出值一一对应列出，可得到表1-12所示的真值表。

表1-12 函数$F=A+BC$的真值表

输 入			输 出
A	B	C	F
0	0	0	0
0	0	1	0
0	1	0	0
0	1	1	1
1	0	0	1
1	0	1	1
1	1	0	1
1	1	1	1

说明：在列真值表时，输入变量的取值组合应按照二进制递增的顺序排列，否则很容易遗漏或重复。

2. 逻辑函数表达式

将输出与输入之间的逻辑关系写成与、或、非等运算的组合式，称为逻辑函数表达式。如：$F=\overline{A}B+\overline{B}C$。

3. 逻辑图

将逻辑函数式中各变量之间的与、或、非等逻辑关系用图形符号表示出来，就得到对应这一逻辑关系的逻辑图。逻辑函数$F(A,B,C)=\overline{A}B+\overline{B}C$的逻辑图如图1-4所示。

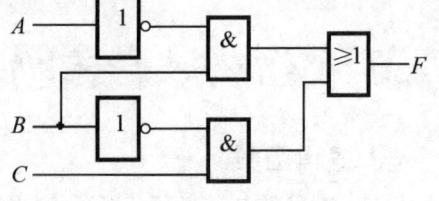

图1-4 $F(A,B,C)=\overline{A}B+\overline{B}C$的逻辑图

4. 波形图

如果将逻辑函数输入变量的每一种可能出现的取值与对应的输出值按时间顺序依次排列起来，就得到了表示该逻辑函数的波形图。

三、各种表示方法间的相互转换

既然同一个逻辑函数可以用上述四种方法描述，那么这四种描述方法必能相互转换。下面主要讨论常见的转换。

1. 真值表与逻辑函数式的相互转换

（1）从真值表到逻辑函数式的转换。

由真值表写出逻辑函数式的一般方法：

① 找出真值表中使逻辑函数 $F=1$ 的那些输入变量取值的组合。

② 每组输入变量取值的组合对应一个乘积项，其中取值为 1 的写入原变量，取值为 0 的写入反变量。

③ 将这些乘积项相加，即得 F 的逻辑函数式。

例 15 已知三变量的一致电路（当三个输入变量 A、B、C 全部相同时），输出 F 为 1 的真值表如表 1-13 所示。试写出它的逻辑函数式。

表 1-13 例 15 的真值表

输 入			输 出
A	B	C	F
0	0	0	1
0	0	1	0
0	1	0	0
0	1	1	0
1	0	0	0
1	0	1	0
1	1	0	0
1	1	1	1

解：由真值表可见，只有当 A、B、C 三个输入变量同时为 1 或同时为 0 时，输出 F 才为 1。所以，F 的逻辑函数式应当等于这两个乘积项之和，即：$F = ABC + \overline{A}\,\overline{B}\,\overline{C}$。

（2）由逻辑式到真值表的转换。

由逻辑式到真值表的转换方法是：将输入变量取值的所有组合状态逐一代入逻辑式求出函数值，列成表，即得到真值表。

例 16 已知逻辑函数 $F = A\overline{C}D + \overline{B}CD$，求它对应的真值表。

解：将 A、B、C、D 的各种取值逐一代入 F 式中计算，将计算结果列表，得真值表如表 1-14 所示。

表1-14 例16的真值表

输入				输出
A	B	C	D	F
0	0	0	0	0
0	0	0	1	0
0	0	1	0	0
0	0	1	1	1
0	1	0	0	0
0	1	0	1	0
0	1	1	0	1
0	1	1	1	1
1	0	0	0	0
1	0	0	1	1
1	0	1	0	1
1	0	1	1	1
1	1	0	0	0
1	1	0	1	1
1	1	1	0	0
1	1	1	1	0

2. 逻辑图与逻辑函数式的相互转换

（1）从逻辑函数式到逻辑图的转换。

从给定的逻辑函数式转换为相应的逻辑图时，只要用逻辑图形符号代替逻辑函数式中的逻辑运算符号，并按运算优先次序将它们连接起来，就可以得到所求的逻辑图。

例17 已知逻辑函数 $F = \overline{AB} + \overline{B}C$，画出其对应的逻辑图。

解：所求的逻辑图如图1-5所示。

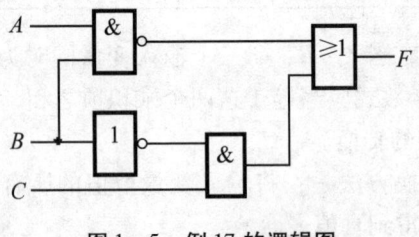

图1-5 例17的逻辑图

(2) 从逻辑图到逻辑函数式的转换。

从给定的逻辑图转换为对应的逻辑函数式时，只要从逻辑图的输入端到输出端逐级写出每个图形符号的输出逻辑表达式，就可以在输出端得到所求的逻辑函数式。

例 18 已知函数的逻辑图如图 1-6 所示，求它的逻辑函数式。

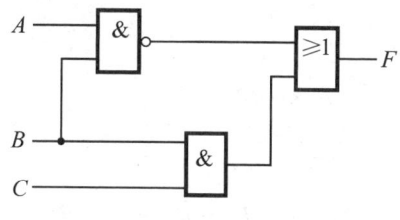

图 1-6 例 18 的逻辑图

解：从输入端 A、B、C 开始逐个写出每个逻辑门输出端的逻辑式，得到：
$$F = \overline{AB} + BC$$

1.4 逻辑函数的化简方法

对任何一个逻辑函数的表达可以有与-或式、或-与式、与非-与非式、或非-或非式、与或非式等多种表达形式。每种表达式都可以相互转换，其中最常用的是与-或式，它可以很方便地转换为其他形式。

本节主要介绍如何将一个函数表达式化简成最简与-或表达式，常用的化简方法有公式法和图解法两种。

逻辑式越简单，它所表示的逻辑关系越明显，实现这个逻辑函数的电路使用的电子器件就越少，设备就轻装。所以，往往需要通过化简的手段找出逻辑函数的最简形式。

最简与-或表达式的标准是：
（1）与-或表达式中乘积项（与项）的个数最少。
（2）每一个乘积项中包含的变量数最少。

1.4.1 逻辑函数的公式化简法

公式化简法的原理就是反复使用逻辑代数的基本公式和基本定律消去函数式中多余的因子和多余的乘积项，以求得函数式的最简形式。

1. 并项法

利用公式 $A + \bar{A} = 1$，将两项合并成一项，并消去一个变量。例如：
$$\begin{aligned} F &= ABC + \bar{A}BC \\ &= BC(A + \bar{A}) \\ &= BC \end{aligned}$$

又如：

$$F = A\,(\overline{B}\,\overline{C} + BC) + A(\overline{B}\,C + B\,\overline{C})$$
$$= A\,\overline{B}\,\overline{C} + ABC + A\,\overline{B}\,C + AB\,\overline{C}$$
$$= A\,\overline{B}\,(\overline{C} + C) + AB(C + \overline{C})$$
$$= A\,\overline{B} + AB = A(\overline{B} + B)$$
$$= A$$

2. 吸收法

利用公式 $A + AB = A$，吸收掉多余的项。例如：
$$A + ABCD = A$$
$$A\,\overline{B} + A\,\overline{B}CD = A\,\overline{B}$$
$$ABD + ABCD(A + B) = ABD$$

3. 消因子法

利用公式 $A + \overline{A}B = A + B$，消去多余的因子。例如：
$$F = AB + \overline{A}\,C + \overline{B}\,C$$
$$= AB + (\overline{A} + \overline{B})\,C$$
$$= AB + \overline{AB}\,C$$
$$= AB + C$$

4. 消项法

利用公式 $AB + \overline{A}C + BC = AB + \overline{A}C$ 及 $AB + \overline{A}C + BCD = AB + \overline{A}C$，将 BC 和 BCD 项消去。

5. 配项法

（1）利用公式 $A + A = A$ 可以在逻辑式中先重复添加某一项，然后用并项法化简。

（2）利用 $A + \overline{A} = 1$ 可以在逻辑式中的某一项上乘以 $(A + \overline{A})$，然后拆成两项分别与其他项合并。

例 19 化简逻辑函数：$F = \overline{A}BC + A\,\overline{B}\,C + AB\,\overline{C} + ABC$

解：利用配项法可将函数 F 写成：
$$F = (\overline{A}BC + ABC) + (A\,\overline{B}\,C + ABC) + (AB\,\overline{C} + ABC)$$
$$= (\overline{A} + A)BC + (\overline{B} + B)AC + (\overline{C} + C)AB$$
$$= BC + AC + AB$$

公式化简法没有固定的格式和步骤，需要灵活、反复地综合运用某些公式。能否尽快将其化为最简形式，取决于对基本公式和定律的熟练程度及应用技巧。下面将要介绍的卡诺图化简法则不同，只要掌握了其规则，对逻辑函数化简非常方便。

1.4.2 逻辑函数的卡诺图化简法

一、逻辑函数的最小项

对于有 n 变量的逻辑函数，若它的与-或表达式中的每个乘积项都包含 n 个因子，而这 n 个因子均以原变量或反变量的形式在乘积项中出现一次，这样的乘积项就称为逻辑函数的最小项，n 变量的逻辑函数就有 2^n 个最小项。

表 1-15 列出了三变量的全部最小项。可以看出，最小项具有下列性质：

表 1-15 三变量的全部最小项及其编号

变量			全部最小项							
			m_0	m_1	m_2	m_3	m_4	m_5	m_6	m_7
A	B	C	$\bar{A}\bar{B}\bar{C}$	$\bar{A}\bar{B}C$	$\bar{A}B\bar{C}$	$\bar{A}BC$	$A\bar{B}\bar{C}$	$A\bar{B}C$	$AB\bar{C}$	ABC
0	0	0	1	0	0	0	0	0	0	0
0	0	1	0	1	0	0	0	0	0	0
0	1	0	0	0	1	0	0	0	0	0
0	1	1	0	0	0	1	0	0	0	0
1	0	0	0	0	0	0	1	0	0	0
1	0	1	0	0	0	0	0	1	0	0
1	1	0	0	0	0	0	0	0	1	0
1	1	1	0	0	0	0	0	0	0	1

（1）对于任意一个最小项，只有变量的一组取值使得它的值为 1，而取其他值时，这个最小项的值为 0。不同的最小项，使它的值为 1 的那一组变量取值也不相同。例如，最小项 $A\bar{B}\bar{C}$，只有在变量取值为 100 时，$A\bar{B}\bar{C}$ 的值为 1，其他 7 组取值下都为 0。而对于最小项 $A\bar{B}C$，只有在变量的取值为 101 时，$A\bar{B}C$ 的值为 1。

（2）任意两个最小项的乘积恒为 0。

（3）全体最小项之和为 1。

（4）具有相邻性的两个最小项之和可以合并成一项，并消去一对因子。

为方便起见，常对最小项进行编号。以 $A\bar{B}\bar{C}$ 为例，因为它和 100 对应，所以就称 $A\bar{B}\bar{C}$ 是和 100 相对应的最小项，而 100 相当于十进制中的 4，所以把 $A\bar{B}\bar{C}$ 记作 m_4。

二、逻辑函数的最小项之和形式

如果某一函数式的与-或表达式中其与项均为最小项，则称此函数式为逻辑函数的最小项表达式。

1. 从一般表达式求最小项表达式

首先将给定的逻辑函数式变换为若干乘积项之和的形式，然后再利用 $A + \bar{A} = 1$ 将每个乘项中缺少的因子补全，这样就可以将与-或式化为最小项之和的标准形式。

例 20 将逻辑函数 $F(A, B, C) = AB + \bar{B}C$ 展开为最小项之和的形式。

解：
$$F(A, B, C) = AB + \bar{B}C$$
$$= AB(C + \bar{C}) + (A + \bar{A})\bar{B}C$$
$$= ABC + AB\bar{C} + A\bar{B}C + \bar{A}\bar{B}C$$

上式为 F 的最小项之和式。对照表 1-15，上式的最小项之和分别表示为 m_7，m_6，m_5，m_1，所以，又可以写为：

$$F(A, B, C) = m_7 + m_6 + m_5 + m_1$$

或写成: $$F(A,B,C) = \sum m(7,6,5,1)$$

2. 通过真值表求逻辑函数最小项之和形式

从真值表中找出使逻辑函数为 1 的变量取值组合,并写出这些变量组合相对应的最小项,最后将这些最小项相或,即得到该逻辑函数的最小项之和的表达式。

例 21 一个三变量逻辑函数的真值表如表 1-16 所示,写出其最小项之和的表达式。

解: 根据上面介绍的办法,由表 1-16 写出其最小项表达式为:

$$F(A, B, C) = \overline{A}\,\overline{B}C + A\,\overline{B}\,\overline{C} + A\,\overline{B}C$$

或写成: $$F(A, B, C) = m_1 + m_4 + m_5$$

$$F(A,B,C) = \sum m(1,4,5)$$

表 1-16 例 21 的真值表

A	B	C	F	A	B	C	F
0	0	0	0	1	0	0	1
0	0	1	1	1	0	1	1
0	1	0	0	1	1	0	0
0	1	1	0	1	1	1	0

三、逻辑函数的卡诺图表示法

卡诺图是由美国工程师卡诺 (M. Karnaugh) 首先提出的一种用来描述逻辑函数的特殊方格图。在这个方格图中,每一个方格代表逻辑函数的一个最小项,而且几何相邻(指在几何位置中上下或左右相邻)的小方格具有逻辑相邻性,即两相邻小方格代表的最小项仅有一个变量取值不同。

对于有 n 个变量的逻辑函数,其最小项有 2^n 个,因此,该逻辑函数的卡诺图由 2^n 个小方格构成,每个小方格都满足逻辑相邻项的要求。图 1-7、图 1-8、图 1-9、图 1-10 分别画出了二、三、四、五个变量的卡诺图。

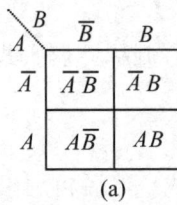   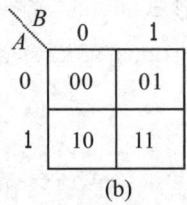   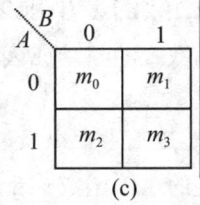

(a)　　　　　　　　　(b)　　　　　　　　　(c)

图 1-7 二变量的卡诺图

A\BC	00	01	11	10
0	000	001	011	010
1	100	101	111	110

A\BC	00	01	11	10
0	m_0	m_1	m_3	m_2
1	m_4	m_5	m_7	m_6

(a)　　　　　　　　　　　　　(b)

图 1-8 三变量的卡诺图

AB\\CD	00	01	11	10
00	m_0	m_1	m_3	m_2
01	m_4	m_5	m_7	m_6
11	m_{12}	m_{13}	m_{15}	m_{14}
10	m_8	m_9	m_{11}	m_{10}

图 1-9　四变量的卡诺图

AB\\CDE	000	001	011	010	110	111	101	100
00	m_0	m_1	m_3	m_2	m_6	m_7	m_5	m_4
01	m_8	m_9	m_{11}	m_{10}	m_{14}	m_{15}	m_{13}	m_{12}
11	m_{24}	m_{25}	m_{27}	m_{26}	m_{30}	m_{31}	m_{29}	m_{28}
10	m_{16}	m_{17}	m_{19}	m_{18}	m_{22}	m_{23}	m_{21}	m_{20}

图 1-10　五变量的卡诺图

上面是各种变量卡诺图的一般形式，其中小方格中的数字代表相应最小项的编号。根据逻辑函数的最小项表达式，就可以得到该逻辑函数相应的卡诺图。画法为：表达式中出现的最小项在其对应的小方格内填上 1；不出现的最小项在其对应的小方格内填上 0 或不填留空。

例 22　用卡诺图表示逻辑函数 $F(A,B,C,D) = \sum m(0, 1, 2, 5, 7, 8, 10, 11, 14, 15)$。

解：画出四变量卡诺图，在该图对应于编号为 0，1，2，5，7，8，10，11，14，15 最小项的位置上填入 1，其余填 0，如图 1-11（a），或不填留空，如图 1-11（b）。

AB\\CD	00	01	11	10
00	1	1	0	1
01	0	1	1	0
11	0	0	1	1
10	1	0	1	1

(a)

AB\\CD	00	01	11	10
00	1	1		1
01		1	1	
11			1	1
10	1		1	1

(b)

图 1-11　例 22 的卡诺图

例 23　已知逻辑函数 F 的卡诺图如图 1-12 所示，试写出该函数的逻辑表达式。

解：因为函数 F 等于卡诺图中填入"1"的那些最小项之和，所以有：
$$F = A\,\overline{B}\,\overline{C} + \overline{A}\,BC + ABC$$

四、用卡诺图化简逻辑函数

用卡诺图化简逻辑函数的方法称为逻辑函数的卡诺图化简法。

A\\BC	00	01	11	10
0	0	0	1	0
1	1	0	1	0

图 1-12　例 23 的卡诺图

卡诺图相邻性特点保证了几何相邻两方格所代表的最小项只有一个变量不同。因此，相邻的方格都为 1（简称 1 格）时，则对应的最小项就可以加以合并，合并后所得的那个与项可以消去一对因子，合并后的结果中剩下公共因子，这是图形化简法的依据。合并最小项的规则是由卡诺图的性质决定的，下面叙述这些性质：

性质 1　卡诺图中两个相邻 1 格的最小项可以合并成一个与项，并消去一个变量。

图 1-13 是两个相邻 1 格合并时消去一对因子的例子。在图 1-13（a）中，m_1 和 m_5 为两个相邻 1 格，则有：

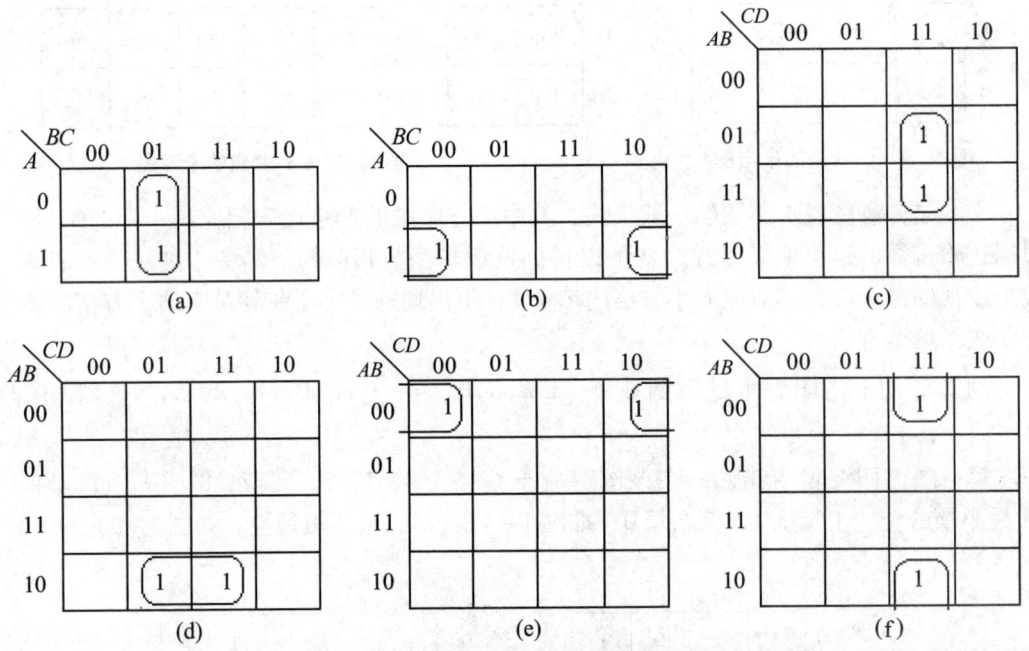

图 1-13　两个相邻 1 格合并消去一个变量

$m_1 + m_5 = \overline{A}\,\overline{B}\,C + A\,\overline{B}\,C = (\overline{A} + A)\overline{B}\,C = \overline{B}\,C$（合并后将 A 和 $\overline{A}$ 一对因子消掉了，只剩下公共因子 $\overline{B}$ 和 C）。

在图 1-13（b）中，m_4 和 m_6 为两个相邻 1 格，则：

$m_4 + m_6 = A\,\overline{B}\,\overline{C} + AB\,\overline{C} = (\overline{B} + B)\,A\,\overline{C} = A\,\overline{C}$

图 1-13 中的其他一些例子，请读者自行分析。

图 1-13 的合并结果为：

（a）$\overline{B}\,C$，（b）$A\,\overline{C}$，（c）BCD，（d）$A\,\overline{B}\,D$，（e）$\overline{A}\,\overline{B}\,\overline{D}$，（f）$\overline{B}\,CD$。

性质 2　卡诺图中四个相邻 1 格的最小项可以合并成一个与项，并消去两个变量。

图 1-14 是四个相邻 1 格合并时消去两个变量的例子。在图 1-14（a）中，m_1、m_3、m_5 和 m_7 为四个相邻 1 格，把它们圈在一起加以合并，消去两个变量，即：

$$m_1 + m_3 + m_5 + m_7$$
$$= \overline{A}\,\overline{B}\,C + \overline{A}\,BC + A\,\overline{B}\,C + ABC$$
$$= \overline{A}\,C(\overline{B} + B) + AC(\overline{B} + B)$$
$$= \overline{A}\,C + AC$$
$$= (\overline{A} + A)\,C = C$$

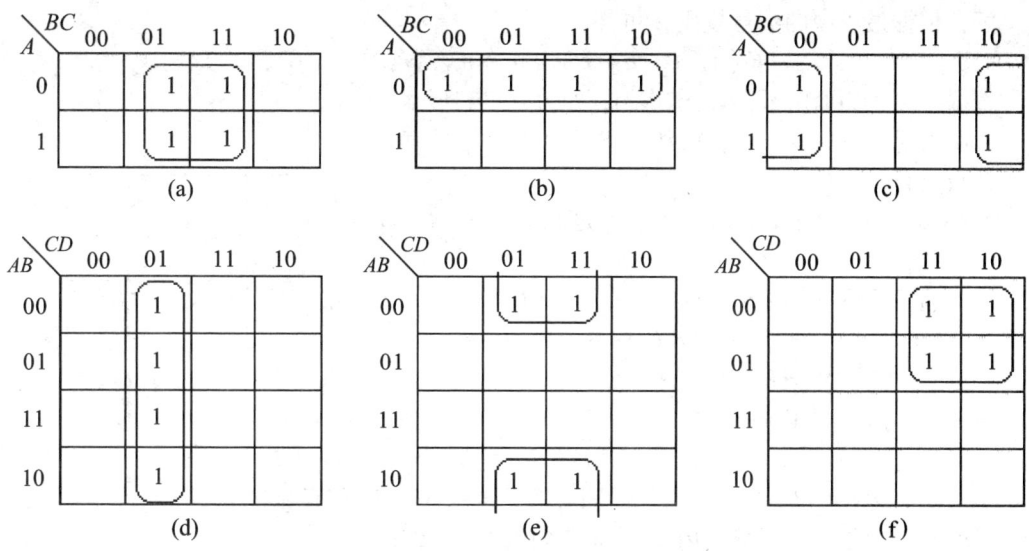

图 1-14 四个相邻 1 格合并消去两个变量

性质 3 卡诺图中八个相邻的 1 格可以合并成一个与项,并消去三对因子。请读者自行画卡诺图进行分析。

总之,在 n 个变量卡诺图中,若有 2^k($k = 0,1,2,3,\cdots,n$) 个 1 格相邻,它们可以用矩形围在一起加以合并,合并时可以消去 k 对因子,合并后的结果中仅包含这些最小项的公共因子。若 $k = n$,则合并时可以消去全部变量,结果为 1。

用卡诺图化简逻辑函数时可以按下列步骤进行:
(1) 将函数化简为最小项之和的形式;
(2) 画出卡诺图表示该逻辑函数;
(3) 找出可以合并的最小项;
(4) 写出化简后的最简与-或表达式。

例 24 用卡诺图化简法求逻辑函数 $F(A,B,C) = \sum m(1,2,3,6,7)$ 的最简与-或表达式。

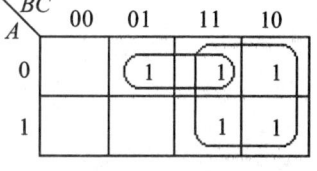

图 1-15 例 24 的卡诺图

解:(1) 画出逻辑函数的卡诺图,在对应于编号为 1,2,3,6,7 最小项的位置上填入 1,其余填 0(或不填留空),如图 1-15 所示。

(2) 合并最小项。把图中相邻且能够合并的 "1" 格圈在一起,如图 1-15 所示。

(3) 写出最简与-或表达式。对卡诺图中所画每一个圈进行合并,合并后的结果中包含公共因子,于是得到:

$$m_1 + m_3 = \overline{A}\,\overline{B}\,C + \overline{A}BC = \overline{A}(\overline{B} + B)C = \overline{A}\,C$$

$$m_2 + m_3 + m_6 + m_7 = \overline{A}\,B\,\overline{C} + \overline{A}BC + AB\,\overline{C} + ABC = \overline{A}B(\overline{C} + C) + AB(\overline{C} + C)$$
$$= \overline{A}B + AB = (\overline{A} + A)\,B = B$$

$$F(A,B,C) = \sum m(1,2,3,6,7) = m_1 + m_2 + m_3 + m_6 + m_7 = \overline{A}\,C + B$$

例 25 用卡诺图化简函数:
$$F(A,B,C,D) = \overline{A}\,\overline{B}\,CD + A\,\overline{B}\,\overline{C}\,D + AB\,\overline{C}\,D + A\,\overline{B}\,CD。$$

解： 根据最小项的编号规则，可知：
$$F(A, B, C, D) = m_3 + m_9 + m_{11} + m_{13}$$
依据上式可以画出该函数的卡诺图，如图 1-16 所示。

由图可见，$AB\bar{C}D$（m_{13}）和 $A\bar{B}\bar{C}D$（m_9）几何相邻，故可合并。

$\bar{A}\bar{B}CD$（m_3）和 $A\bar{B}CD$（m_{11}）逻辑相邻，故可合并。

合并后可得到 $F = \bar{A}\bar{B}CD + A\bar{B}CD + AB\bar{C}D$
$= (\bar{A}+A)\bar{B}CD + A(\bar{B}+B)\bar{C}D$
$= \bar{B}CD + A\bar{C}D$

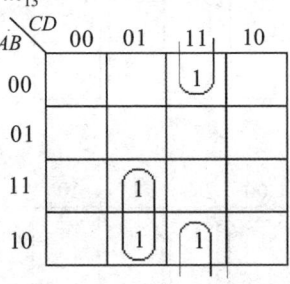

图 1-16 例 25 的卡诺图

例 26 用卡诺图化简函数：
$$F(A, B, C, D) = \bar{A}\bar{B}\bar{C} + \bar{A}\bar{C}\bar{D} + A\bar{B}C\bar{D} + A\bar{B}\bar{C}.$$

解： 从表达式可以看出，该函数为四变量逻辑函数，但有的项缺少一个因子，不符合最小项规定。因此，每个乘积项中都要将缺少的因子补上。

$\bar{A}\bar{B}\bar{C} = \bar{A}\bar{B}\bar{C}(D+\bar{D}) = \bar{A}\bar{B}\bar{C}D + \bar{A}\bar{B}\bar{C}\bar{D}$

$\bar{A}\bar{C}\bar{D} = \bar{A}\bar{C}\bar{D}(B+\bar{B}) = \bar{A}B\bar{C}\bar{D} + \bar{A}\bar{B}\bar{C}\bar{D}$

$A\bar{B}\bar{C} = A\bar{B}\bar{C}(D+\bar{D}) = A\bar{B}\bar{C}D + A\bar{B}\bar{C}\bar{D}$

所以，
$F(A, B, C, D) = \bar{A}\bar{B}\bar{C} + \bar{A}\bar{C}\bar{D} + A\bar{B}C\bar{D} + A\bar{B}\bar{C}$
$= \bar{A}\bar{B}\bar{C}D + \bar{A}\bar{B}\bar{C}\bar{D} + \bar{A}B\bar{C}\bar{D} + A\bar{B}C\bar{D} + A\bar{B}\bar{C}\bar{D} + A\bar{B}\bar{C}D + A\bar{B}\bar{C}\bar{D}$
$= m_0 + m_1 + m_2 + m_6 + m_8 + m_9 + m_{10}$

根据上式画出卡诺图，如图 1-17。对其化简，最后得到最简表达式为：$F = \bar{B}\bar{C} + \bar{B}\bar{D} + \bar{A}\bar{C}\bar{D}$

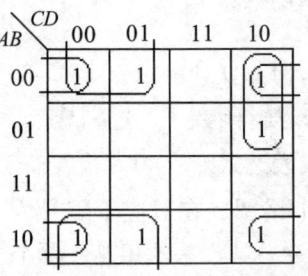

图 1-17 例 26 的卡诺图

在用卡诺图化简时，画矩形圈的规则是：

(1) 按照 2^k 个方格来组合（圈内的 1 格数必须为 2，4，8，…），圈的面积越大越好。圈越大，消去的变量就越多，与项中的变量就越少。

(2) "1"方格可以重复被圈，但每个矩形圈内至少应包含一个未被圈过的 "1"方格。

(3) 矩形圈的个数应尽可能少。

图 1-18 给出了一些画圈的例子，供读者参考。

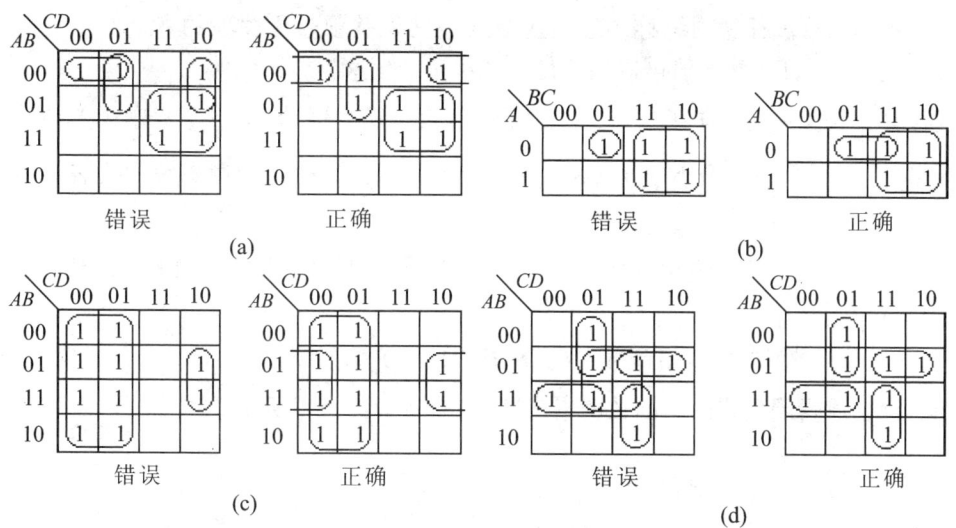

图 1-18 卡诺图画矩形圈实例

最后还有一点要说明，用卡诺图化简所得到的最简 - 与或式不是唯一的。

例 27 用卡诺图化简下式为最简与 - 或逻辑式。

$$F = A\bar{C} + \bar{A}C + B\bar{C} + \bar{B}C$$

解：（1）将函数先化为最小项之和

$$F = A(B+\bar{B})\bar{C} + \bar{A}(B+\bar{B})C + (A+\bar{A})B\bar{C} + (A+\bar{A})\bar{B}C$$
$$= \bar{A}\bar{B}C + \bar{A}B C + \bar{A}BC + A\bar{B}\bar{C} + A\bar{B}C + AB\bar{C}$$

$$= m_1 + m_2 + m_3 + m_4 + m_5 + m_6$$

（2）画卡诺图如图 1-19 所示。

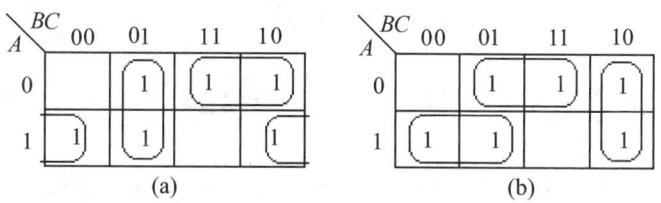

图 1-19 例 27 的卡诺图

由图 1-19 所见，如果按图 1-19（a）的方案合并最小项，则得到 $F = A\bar{C} + \bar{B}C + \bar{A}B$。如果按图 1-19（b）的方案合并最小项，则得到 $F = A\bar{B} + \bar{A}C + B\bar{C}$。

五、具有无关项的卡诺图简化法

实际中经常会遇到这样的问题，在真值表内对应于变量的某些取值下，函数的值可以是任意的，或者说这些变量的取值根本不会出现。例如：一个逻辑电路的输入为 8421BCD 码，显然，信息中有六个变量组合（1010 ~ 1111）是不使用的，这些变量取值所对应的最小项称为约束项。如果电路正常工作，这些约束项绝对不会出现，那么与这些约束项所对应的电路的输出是什么，也就无所谓了，可以假定为 1，也可以假定为 0。

我们把约束项和任意项统称为逻辑函数式中的无关项。无关项的意义在于它的值可以取 0 或取 1，具体什么值可以根据使函数尽量简化这个原则而定。

化简具有无关项的逻辑函数时，在逻辑函数表达式中用 $\sum d(\cdots)$ 表示无关项。例如，$\sum d(2,4,5)$，表示最小项 m_2，m_4，m_5 为无关项，有时也用逻辑表达式表示函数中的约束项。

例如：$d = \overline{A}B + AC$，表示 $\overline{A}B$ 和 AC 所包含的最小项为约束项。约束项在真值表或卡诺图中常用"×"表示。

例 28 用卡诺图化简逻辑函数 $F(A,B,C,D) = \sum m(1,3,7,11,15) + \sum d(0,2,9)$。

解： 根据逻辑函数式画出函数的卡诺图如图 1-20（a）所示。对该图可以采用两种化简方案：

（1）如图 1-20（b）所示，化简结果为：$F = \overline{A}\,\overline{B} + CD$。

（2）如图 1-20（c）所示，化简结果为：$F = \overline{B}D + CD$。

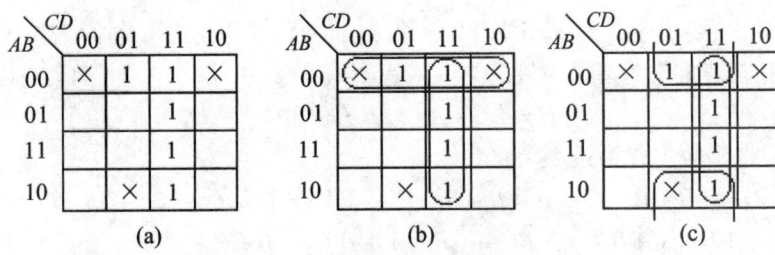

图 1-20 例 28 的卡诺图

本章小结

在这一章里主要讲述了三部分的内容：数制和码制；逻辑代数的基础；逻辑函数的化简方法。

数字电路的工作信号是一种离散信号，即数字信号，它在时间上和数值上都是不连续的，在电路中往往表现为突变的电压或电流。目前数字电路基本上都是集成电路。

数字电路中主要采用二进制计数体制，有时也用八进制和十六进制。它们都能按权展开的方法转换成对应的十进制数。十进制数转换成其他进制数，其整数部分用"除基取余法"；小数部分用"乘基取整法"进行转换。二进制和八进制、十六进制有直接的对应关系，可以方便地相互转换。用一组二进制代码表示一组信息，称作二进制代码，常用的有 8421BCD 码、格雷码等。

逻辑代数是研究数字电路的重要数学工具。逻辑变量是一种二值变量，只能取值 0 或 1。利用逻辑代数，可以把一个实际问题的逻辑关系用逻辑函数来描述，在逻辑函数的表示方法中，一共介绍了常用的五种方法，即：真值表、逻辑函数、逻辑图、波形图和卡诺图。

基本逻辑运算有与运算、或运算、非运算。常用的还有与非运算、或非运算、异或运算和同或运算，利用这些简单的逻辑关系可以组成复杂的逻辑运算。

逻辑函数化简方法是本章的重点。逻辑函数化简的目的是为了获取最简逻辑函数式，从而使逻辑电路简单、成本低。本章介绍了公式化简法和卡诺图化简法。

公式化简法的优点是它的使用不受任何条件的限制。但由于没有固定的格式和步骤，致使在化简一些复杂的逻辑函数时，不仅需要熟练地掌握和运用各种公式及定律，而且需要具备一定的运算技巧和经验。

卡诺图化简法的优点是简单、直观，且有化简的步骤可循，容易掌握。但在逻辑变量超过5个以上时，就失去了简单的意义。

实训项目 信号灯的逻辑控制

一、实训目标

(1) 了解逻辑、逻辑控制的概念,理解与、或、非三个基本逻辑关系;熟悉逻辑代数的基本定律、定理和常用公式。

(2) 掌握表达逻辑控制的基本方法和逻辑函数的表示方法。

二、实训设备与器件

(1) 多媒体课室。电脑上安装了 Proteus ISIS 或其他电路仿真软件。

(2) 直流电源 +6 V、48 V 各 1 台,6 V 双触点继电器 2 个,48 V 灯泡 1 只。

三、实训内容与步骤

1. 电灯的开关控制

该仿真实验的目的是帮助同学们初步建立逻辑事件、逻辑控制的概念,以便更好地理解课堂讲授的逻辑事件及其表示方法等相关内容。电路如图 1 所示。

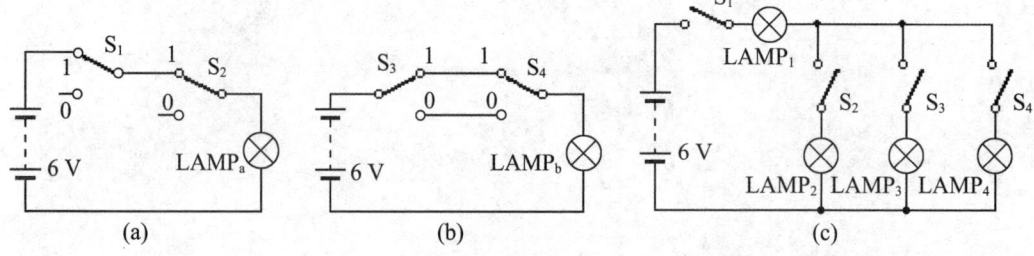

图 1 电灯的开关控制

仿真实验:

(1) 启动 Proteus ISIS 或其他电路仿真软件,在 ISIS 主窗口界面编辑如图 1 所示电路原理图。

(2) 运行仿真,置各开关断开、闭合不同组合状态,观察灯泡的"亮、灭"情况,并将结果填入表 1、表 2 中。

表 1 图 1 (a)、(b) 仿真结果记录表

S_1	S_2	$LAMP_a$ 状态	S_3	S_4	$LAMP_b$ 状态
断开	断开	灭	断开	断开	亮
断开	闭合	灭	断开	闭合	灭
闭合	断开	灭	闭合	断开	灭
闭合	闭合	亮	闭合	闭合	亮

表2　图1（c）仿真结果记录表

S_1	S_2	S_3	S_4	$LAMP_1$ 状态	$LAMP_2$ 状态	$LAMP_3$ 状态	$LAMP_4$ 状态
断开	×	×	×	灭	灭	灭	灭
闭合	断开	断开	断开	灭	灭	灭	灭
闭合	闭合	断开	断开	亮	亮	灭	灭
闭合	断开	闭合	断开	亮	灭	亮	灭
闭合	断开	断开	闭合	亮	灭	灭	亮
闭合	闭合	闭合	断开	亮	亮	亮	灭
闭合	闭合	断开	闭合	亮	亮	灭	亮
闭合	断开	闭合	闭合	亮	灭	亮	亮
闭合	闭合	闭合	闭合	亮	亮	亮	亮

（3）结果分析。

通过上述电路的仿真实验，总结如下：

①在图1（a）电路中，两个开关是串联相接，只要有一个开关处于断开状态，灯泡 $LAMP_a$ 就不亮。在图1（b）电路中，两个开关两线关联，当两个开关处于同一线时，灯泡 $LAMP_b$ 才亮。在图1（c）电路中，接在电路总线上的开关 S_1 是电路总开关，只要开关 S_1 处于断开状态，不论开关 S_2、S_3、S_4 状态如何，灯泡都灭。当开关 S_1 闭合时，开关 S_2、S_3、S_4 分别控制 $LAMP_2$、$LAMP_3$、$LAMP_4$，且只要 $LAMP_2$、$LAMP_3$、$LAMP_4$ 任何一个灯亮时 $LAMP_1$ 也亮。

②灯泡的输出状态由开关决定，开关 S_1、S_2、S_3、S_4 称为输入。输出量是和输入量的一种逻辑控制关系，而且输入量和输出量都只分别对应两种状态（输入状态："闭合"或"断开"，输出状态："亮"或"灭"）。

③我们定义开关"断开"和灯"灭"状态为逻辑"0"，定义开关"闭合"和灯"亮"状态为逻辑"1"，那么，表1、表2可以分别用表3、表4来表述，这种将输入量所有的取值下对应的输出量列成表格，即称为逻辑事件的真值表。

④图1（a）电路开关 S_1、S_2 与 LAMP 的逻辑关系可以记作：$LAMP_a = S_1 \cdot S_2$；同样，图1（b）有：$LAMP_b = S_3 \odot S_4$；图1（c）有：$LAMP_1 = S_1 \cdot (S_2 + S_3 + S_4)$，$LAMP_2 = S_1 \cdot S_2$，$LAMP_3 = S_1 \cdot S_3$，$LAMP_4 = S_1 \cdot S_4$。

表3　图1（a）、（b）真值表

S_1	S_2	$LAMP_1$ 状态	S_3	S_4	$LAMP_2$ 状态
0	0	0	0	0	1
0	1	0	0	1	0
1	0	0	1	0	0
1	1	1	1	1	1

表4 图1（c）真值表

S_1	S_2	S_3	S_4	$LAMP_1$ 状态	$LAMP_2$ 状态	$LAMP_3$ 状态	$LAMP_4$ 状态
0	×	×	×	0	0	0	0
1	0	0	0	0	0	0	0
1	1	0	0	1	1	0	0
1	0	1	0	1	0	1	0
1	1	1	0	1	1	1	0
1	0	0	1	1	0	0	1
1	1	0	1	1	1	0	1
1	0	1	1	1	0	1	1
1	1	1	1	1	1	1	1

2. 项目技能实训：高、低压隔离控制

实训电路如图2所示。

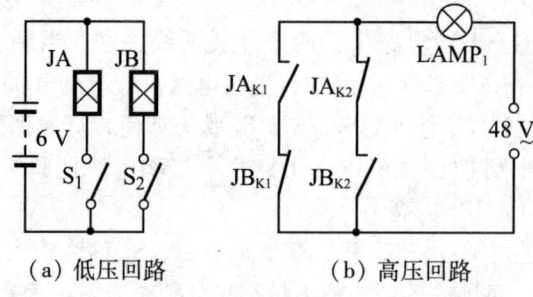

（a）低压回路　　　（b）高压回路

图2　逻辑控制

试分析图2所示电路的逻辑关系（图中JA、JB为继电器线圈，JA_{K1}、JA_{K2}、JB_{K1}、JB_{K2}代表继电器JA、JB的触点），填写下列逻辑表达式：

电路分析：_____

_____

_____。

逻辑关系为：$LAMP_1 =$ _____　。

习 题

1.1 请描述习题 1.1 图所示事件的逻辑关系，列出逻辑关系表，并写出逻辑关系式。

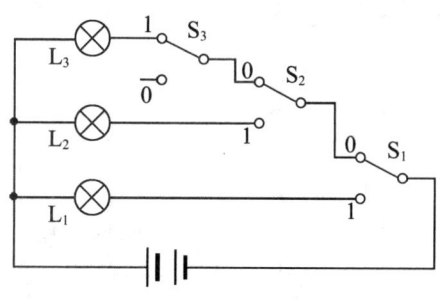

习题 1.1 图

1.2 数字信号与模拟信号相比，它的特点是什么？

1.3 简述逻辑代数的三个重要规则。

1.4 将下列十六进制数转换为十进制数。

(1) $(60D)_{16}$ (2) $(0.8A)_{16}$ (3) $(E8.D)_{16}$

1.5 将下列二进制数转换为八进制、十进制、十六进制数。

(1) 101011   (2) 0.10101   (3) 1110.1011

(4) 1101101011   (5) 0.10111   (6) 10111.01101

1.6 将 $(163)_8$ 分别转换为十六进制、十进制和二进制数。

1.7 将下列十进制数转换为二进制数，小数部分精确到小数点后第四位。

(1) $(37)_{10}$ (2) $(0.726)_{10}$ (3) $(83.654)_{10}$

1.8 将下列 8421BCD 码转换为八进制数。

(1) $(1101100)_{8421BCD}$ (2) $(10110110)_{8421BCD}$ (3) $(11101.101)_{8421BCD}$

1.9 逻辑函数有几种表示方法，分别是哪些？

1.10 用卡诺图化简下列函数，并写出最简与-或表达式。

(1) $F(A,B,C) = A\overline{C} + \overline{A}C + B\overline{C} + \overline{B}C$；

(2) $F(A,B,C,D) = AB\overline{C} + A\overline{B}D + AC\overline{D}$；

(3) $F(A,B,C) = \sum m(0,2,3,6,7)$；

(4) $F(A,B,C,D) = \sum m(3,5,6,7,10) + \sum d(0,1,2,4,8)$。

1.11 用公式法化简下列函数，使之为最简与-或式。

(1) $F = \overline{ABC} + AB\,C + \overline{A}\,BC$；

(2) $F = \overline{A}B + \overline{B}C + \overline{A}\,C$；

(3) $F = AB + \overline{A}\,C + \overline{B}\,C + A\overline{B}\,CD$；

(4) $F = (A+B)A\overline{B}$；

(5) $F = AC + \overline{A}\,BC + \overline{B}\,C + AB\,\overline{C}$。

1.12 下列逻辑函数式中，A、B、C 取哪些值时，$F=1$。

(1) $F(A, B, C) = AB + \overline{A}C$；

(2) $F(A, B, C) = \overline{A}BC + A\overline{B}C + AB\overline{C}$。

1.13 已知逻辑图如习题 1.13 图所示：

(1) 写出函数 F 的逻辑表达式；

(2) 将函数 F 化为最简与-或式。

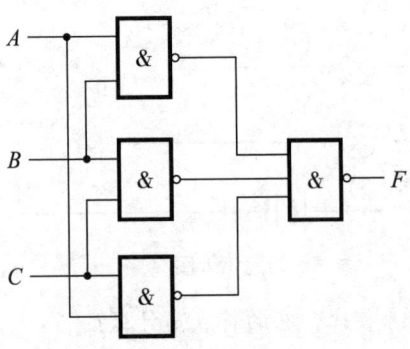

习题 1.13 图

1.14 有三个输入信号 A、B、C，若三个同时为 0 或只有两个信号同时为 1 时，输出 F 为 1，否则 F 为 0。列出其真值表。

1.15 直接根据对偶规则和反演规则，写出下列逻辑函数的对偶函数和反函数：

(1) $F = \overline{A} + \overline{(BC + \overline{A}B + AC\overline{D})}$；

(2) $F = \overline{A}\,\overline{B} \cdot (B+C)(A+\overline{C})$；

(3) $F = (\overline{A}+B)(\overline{C}+\overline{B}C) + A(B+\overline{C})$；

(4) $F = \overline{A}\,\overline{B} + \overline{B}\,\overline{C} + A\,\overline{C}$。

1.16 判断题（正确的在括号内打√，错误的在括号内打×）。

(1) 已知逻辑函数 $A+B=A+C$，则 $B=C$。（　　）

(2) 已知逻辑函数 $A+B=AB$，则 $A=B$。（　　）

(3) 已知逻辑函数 $AB=AC$，则 $B=C$。（　　）

(4) 已知逻辑函数 $A+B=A+C$，$AB=AC$，则 $B=C$。（　　）

学习情境二　四路抢答器

抢答器是智力竞赛中常见的电子设备。四路抢答器利用门电路完成信号的识别、锁定和控制灯光指示，实现抢答器的核心功能。通过该电路的制作训练，从而进一步熟悉门电路的逻辑功能、掌握门电路的逻辑控制和学习逻辑电平的测量方法。

在这个学习情境中，设置了两个项目——逻辑门电路的基本功能测试和由门电路构成的四路抢答器设计、制作与测试。通过逻辑门电路的基本功能测试，更好地理解门电路的内部结构及其工作原理和特性（如二极管、三极管的开关特性）。

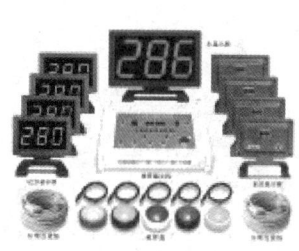 

教学任务：
（1）常用门电路的基本原理及使用方法；
（2）集成逻辑门的结构特点。

学习目标：
（1）掌握常用逻辑门电路的逻辑功能和逻辑符号及其使用方法；
（2）了解集成逻辑门的常用产品，掌握集成逻辑门的正确使用；
（3）熟悉用 Proteus ISIS 仿真软件进行简单逻辑电路的分析与设计方法。

教学实施：
（1）在多媒体课室实施，教师课堂讲授、仿真演示；
（2）学生动手进行仿真实验验证结论或记录仿真结果，深化理解理论知识；
（3）学生分组练习、讨论，教师点评，消化吸收课堂学习的知识点，总结提高。

第二章 逻辑门电路

本章系统地介绍了数字电路的基本逻辑单元电路——门电路的功能特点。简要地介绍了门电路中的二极管和三极管的开关特性。同时列举了用 Proteus 7.1 仿真测试门电路功能的实例。

2.1 概 述

一、门电路的概念

逻辑门电路是指能够实现逻辑运算的电子电路,是数字电路的基本单元电路。例如,实现与运算的逻辑电路叫**与门**,实现或运算的逻辑电路叫**或门**,实现非运算的逻辑电路叫**非门**……类似地,实现与非、或非、同或、异或等运算的逻辑电路分别叫**与非门、或非门、同或门、异或门**等。

二、逻辑变量与两状态的开关

在二值逻辑中,逻辑变量的取值不是 0 就是 1,是一种二值量,在数字电路中,电子开关的两种状态与之相对应,二值量与数字电路的结合点就是这两种状态的电子开关。半导体二极管、晶体管、MOS 管是构成这种电子开关的基本开关元件。

三、高、低电平与正、负逻辑

在数字逻辑电路中,高电平和低电平是两种状态,是两个不同的可以区别开来的电压范围。例如,通常把 2.4~5 V 范围内的电压,都叫高电平;而把 0~0.8 V 范围内的电压,都叫低电平。

用 1 表示高电平,用 0 表示低电平,叫做正逻辑赋值,简称为正逻辑。用 0 表示高电平,用 1 表示低电平,叫做负逻辑赋值,简称为负逻辑。在本书中,若无特殊说明,使用的均为正逻辑。

2.2 分立元件门电路

2.2.1 二极管、三极管的开关特性

一、二极管的开关特性

半导体二极管最显著的特点是具有单向导电特性,即当二极管的阳极电位 U_a 高于阴极电位 U_b 时,二极管正向导通,如同接通的开关;当阳极电位 U_a 低于阴极电位 U_b 时,二极管反向截止,如同断开的开关。

图 2-1 所示是二极管工作在理想情况下的开关等效电路。

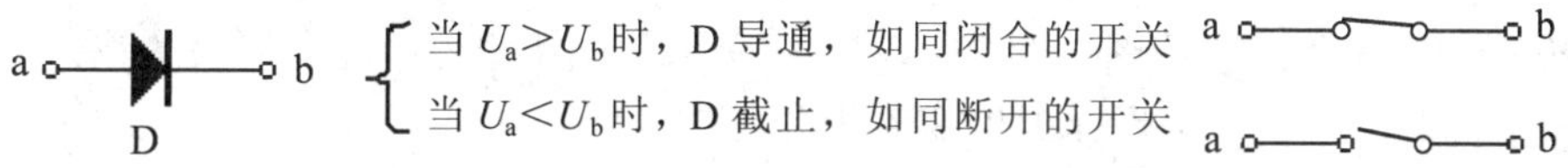

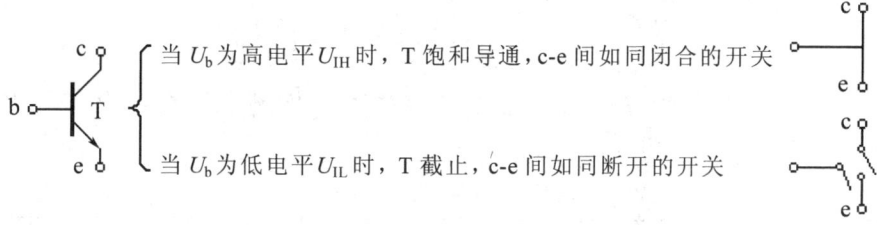

图 2-1 二极管在理想情况下的开关等效电路

当 $U_a > U_b$ 时,D 导通,如同闭合的开关
当 $U_a < U_b$ 时,D 截止,如同断开的开关

二、三极管的开关特性

三极管具有截止、放大和饱和导通等三种工作状态。在数字电路中,三极管主要工作在截止与饱和导通状态,其作用相当于开关的"断开"和"闭合"。

图 2-2 所示是 NPN 型三极管在理想情况下的开关等效电路。

当 U_b 为高电平 U_{IH} 时,T 饱和导通,c-e 间如同闭合的开关

当 U_b 为低电平 U_{IL} 时,T 截止,c-e 间如同断开的开关

图 2-2 三极管在理想情况下的开关等效电路

三、MOS 管的开关特性

在集成电路中,除了 TTL 系列门电路外,还有另一系列门电路是以金属-氧化物-半导体场效应晶体管(Metal Oxide Semiconductor Field-Effect Transistor,简称 MOS 管)作为开关电路的,称为 MOS 门电路。MOS 门电路制造工艺简单,体积小,易于制成大规模集成电路。

MOS 系列门电路中,有一类产品采用 P 沟道增强型 MOS 管和 N 沟道增强型 MOS 管构成互补对称电路,称为 CMOS 门电路。

MOS 管的电路符号及其在理想情况下的开关等效电路如图 2-3 所示。$V_{GS(th)}$ 为 MOS 管开启电压。

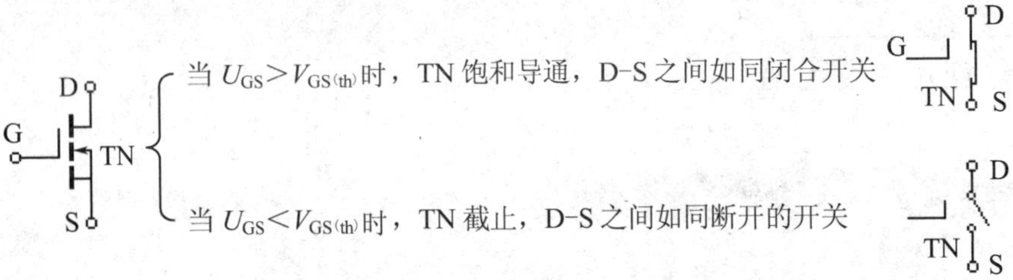

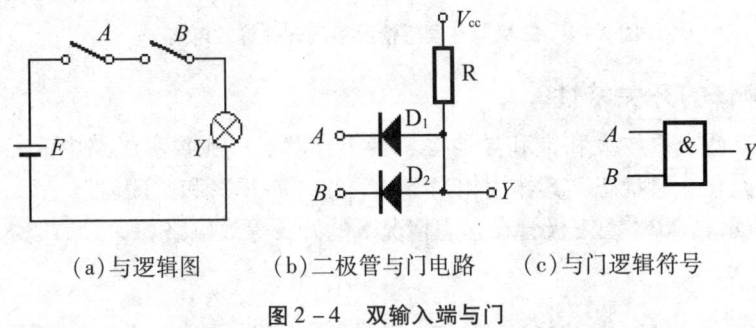

当 $U_{GS} > V_{GS(th)}$ 时，TN 饱和导通，D-S 之间如同闭合开关

当 $U_{GS} < V_{GS(th)}$ 时，TN 截止，D-S 之间如同断开的开关

图 2-3 MOS管在理想情况下的开关等效电路

2.2.2 分立元器件门电路

一、二极管与门

二极管与门电路的原理图如图 2-4（b）所示。图中 A、B 代表与门的输入变量，Y 代表输出，假设二极管工作在理想开关状态。

(a) 与逻辑图　　(b) 二极管与门电路　　(c) 与门逻辑符号

图 2-4 双输入端与门

如果约定 +5 V 电压代表逻辑 1，0 V 电压代表逻辑 0，那么图 2-4 所示电路的输入、输出关系如表 2-1 所示。

表 2-1 二极管与门电路的输入输出关系

	逻辑值（电压）	逻辑值（电压）	逻辑值（电压）	逻辑值（电压）
A	0 (0 V)	1 (+5 V)	0 (0 V)	1 (+5 V)
B	0 (0 V)	0 (0 V)	1 (+5 V)	1 (+5 V)
Y	0 (0 V)	0 (0 V)	0 (0 V)	1 (+5 V)

可见，该电路实现了与运算，称作与门。其输出与输入之间的逻辑关系表达式为：

$$Y = AB$$

与门的意义是：输入有 0 输出为 0，输入全 1 输出才为 1。

二、二极管或门

二极管或门电路的原理图如图 2-5(b) 所示。图中 A、B 代表或门的输入，Y 代表输出，假定二极管工作在理想开关状态，该电路的输入、输出关系如表 2-2 所示。

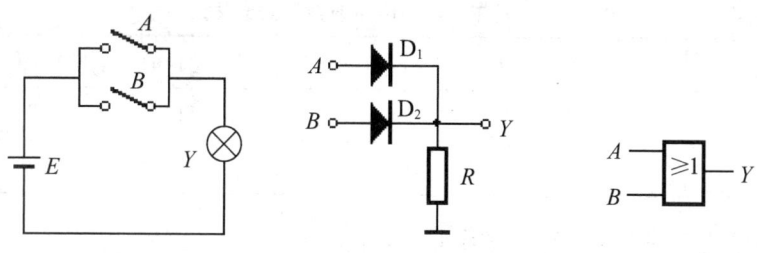

（a）或逻辑图　　（b）二极管或门电路　　（c）或门逻辑符号

图 2-5　双输入端或门

表 2-2　二极管或门电路的输入输出关系

	逻辑值（电压）	逻辑值（电压）	逻辑值（电压）	逻辑值（电压）
A	0（0 V）	1（+5 V）	0（0 V）	1（+5 V）
B	0（0 V）	0（0 V）	1（+5 V）	1（+5 V）
Y	0（0 V）	1（+5 V）	1（+5 V）	1（+5 V）

从表 2-2 可知，该电路实现了或运算，称作或门。其输出与输入之间的逻辑关系表达式为：

$$Y = A + B$$

或门的意义是：输入有 1 输出为 1，输入全 0 输出为 0。

或门的输入变量可以是多个。

三、半导体三极管非门

图 2-6（b）是三极管构成的非门电路。通过设计合理的参数，使三极管只工作在饱和区和截止区。当输入 A 为高电平（A = +5 V）时，三极管饱和导通，输出 Y 为低电平（Y = 0 V）；当输入 A 为低电平（A = 0 V）时，三极管截止，输出 Y 为高电平（Y = +5 V）。其输入输出关系见表 2-3。

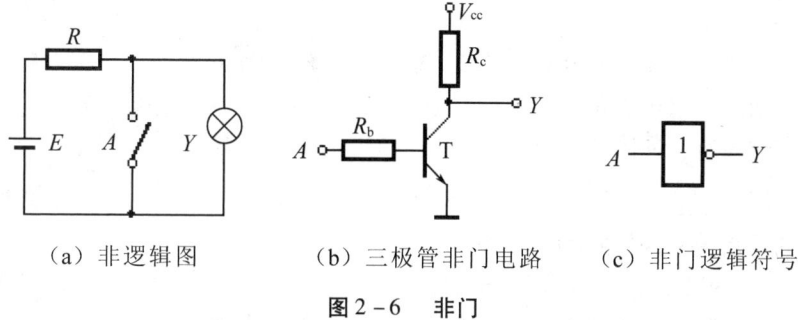

（a）非逻辑图　　（b）三极管非门电路　　（c）非门逻辑符号

图 2-6　非门

表 2-3　晶体管非门电路的输入输出关系

	逻辑值（电压）	逻辑值（电压）
A	0（0 V）	1（+5 V）
Y	1（+5 V）	0（0 V）

可见，该电路实现了非运算，称作非门。其输出与输入之间的逻辑表达式为：
$$Y = \overline{A}$$
非门的意义是：输入是0输出为1，输入是1输出为0。

非门的输入变量只有一个。

四、CMOS 非门

MOS 管按其沟道中载流子的性质可分为 N 沟道 MOS 管和 P 沟道 MOS 管两类，简称 NMOS 管和 PMOS 管。此外，还有一类是将 NMOS 管和 PMOS 管同时制作在一块晶片上构成所谓互补的器件，简称为 CMOS 电路。图 2-7 所示为 CMOS 非门电路。

图中，T_P 是 P 沟道增强型 MOS 管，T_N 是 N 沟道增强型 MOS 管。

当输入电压 u_i 为高电平时，T_P 截止而 T_N 导通，输出 u_o 为低电平；当输入电压 u_i 为低电平时，T_P 导通而 T_N 截止，输出 u_o 为高电平。

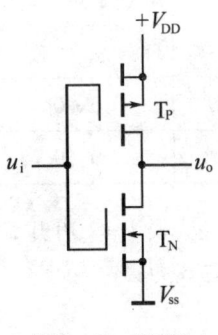

图 2-7　CMOS 非门电路

可见，输出与输入之间构成逻辑非的关系。

2.3　复合逻辑门电路

一、与非门

与非门的逻辑关系表达式为：
$$Y = \overline{A \cdot B}$$
与非门的意义是：输入有0输出为1，输入全1输出为0。

与非门的输入变量可以是多个。

与非门的逻辑符号如图 2-8 所示。

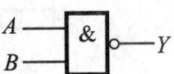

图 2-8　与非门逻辑符号

二、或非门

或非门的逻辑关系表达式为：
$$Y = \overline{A + B}$$
或非门的意义是：输入有1输出为0，输入全0输出为1。

或非门的输入变量可以是多个。

或非门的逻辑符号如图 2-9 所示。

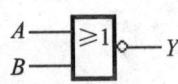

图 2-9　或非门逻辑符号

三、同或门

同或门的逻辑关系表达式为：

$$Y = A \cdot B + \overline{A} \cdot \overline{B} = A \odot B$$

同或门的真值表如表 2-4 所示。

表 2-4 同或门的真值表

A	B	Y
0	0	1
0	1	0
1	0	0
1	1	1

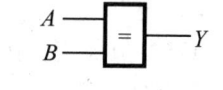

图 2-10 同或门逻辑符号

同或门的意义是：当输入端 A、B 的电平状态相同时，输出 Y 为 1；当输入端 A、B 的电平状态不同时，输出 Y 为 0。

同或门的逻辑符号如图 2-10 所示。其逻辑表达式为 $Y = \overline{AB} \cdot \overline{CD}$。

四、异或门

异或门的逻辑关系表达式为：

$$Y = A \cdot \overline{B} + \overline{A} \cdot B = A \oplus B$$

异或门的真值表如表 2-5 所示。

表 2-5 异或门的真值表

A	B	Y
0	0	0
0	1	1
1	0	1
1	1	0

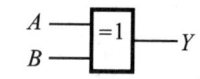

图 2-11 异或门逻辑符号

异或门的意义是：当输入端 A、B 的电平状态相同时，输出 Y 为 0；当输入端 A、B 的电平状态不同时，输出 Y 为 1。

异或门的逻辑符号如图 2-11 所示。

2.4 TTL 集成门电路

TTL（Transistor-Transistor Logic）门电路，因其输入级和输出级都采用半导体三极管而得名，也叫晶体管-晶体管逻辑电路。把用半导体元件组成的分立元件构成的门电路的全部元件和连线经过一定的工艺制造在一块芯片上，再把这个芯片封装在一个壳体中，即可制成一个集成门电路。集成电路与分立元件电路相比，具有许多显著的优点，如体积小、重量轻、耗电少、可靠性高，所以得到了广泛的应用。根据在一块芯片上包含门电路数目的多少（又称集成度），集成电路可分为小规模集成电路（Small Scale Intergration，简称 SSI）、中规模集成电路（Medium Scale Intergration，简称 MSI）、大规模集成电路（Large Scale Intergration，简称 LSI）和超大规模集成电路（Very Large Scale Intergration，简称 VLSI）。它们的划分标准大体上是：

小规模集成电路（SSI）——包含 10 个以下门电路。
中规模集成电路（MSI）——包含 10～100 个门电路。
大规模集成电路（LSI）——包含 100～10 000 个门电路。
超大规模集成电路（VLSI）——包含 10 000 个以上门电路。

TTL 集成电路参数稳定，抗干扰能力强，不易受周围环境的影响，使用可靠，是生产数量最大、品种最齐全的一类集成电路。

一、TTL 集成与非门

74LS20 集成芯片是比较常用的 TTL 与非门，其外引线排列如图 2-12 所示。它包含两个 4 输入与非门，内含两组与非门。在封装表面上的小缺口是用来标识管脚排列顺序的。

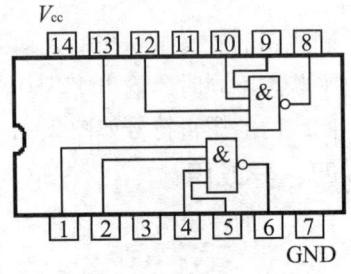

图 2-12 74LS20 芯片内部图

二、集电极开路与非门（OC 门）

由于电路特性不允许，普通 TTL 门电路的输出端不能并联相接，即不能把两个或两个以上这样的门电路的输出端连在一起，否则容易损坏器件。但在实际应用中，有时希望门电路的输出并联（实现逻辑与的功能，叫线与）使用。为了解决普通 TTL 门电路不能线与的问题，专门设计了集电极开路门（Open Collector Gate）。

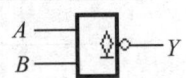

图 2-13 集电极开路与非门符号

1. OC 门逻辑符号

OC 门逻辑符号如图 2-13 所示。

2. OC 门应用举例

（1）实现线与。

OC 门与普通 TTL 门的不同之处是：多个 OC 门的输出端可以直接接在一起。强调指出：OC 门必须外接负载电阻 R_L 和电源 V_{cc} 才能正常工作，如图 2-14 所示。其逻辑表达式为 $Y = \overline{AB} \cdot \overline{CD}$。

（2）外接电源 V'_{cc} 可以根据需要进行选择。

一般的 TTL 门电路，输出高电平的典型值是 3.6 V，低电平的典型值是 0.3 V，而高压 OC 门，外接电源可达 15 V。

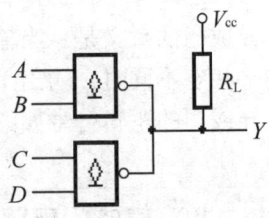

图 2-14 OC 门的线与

三、三态门

三态门（Three State Logic，简称 TSL），是在普通门的基础上，加上使能控制信号和控制电路构成的。普通门电路的输出只有两种状态：高电平或低电平，即 1 或 0 态。而三态门的输出却有三种状态：高电平、低电平、高阻态，其中高阻态也叫悬浮态。

1. 逻辑符号

与 OC 门一样，有各种具有不同逻辑功能的三态门，如三态与门、三态非门等。图 2-15（a）所示是低电平控制的三态输出非门的逻辑符号。其真值表如表 2-6 所示。

表 2-6　低电平控制的三态非门

$\overline{EN}$	A	Y
1	0	高阻
1	1	高阻
0	0	1
0	1	0

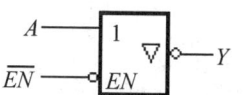　　　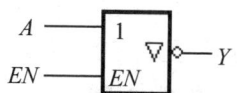

（a）低电平控制的三态门　　　（b）高电平控制的三态门

图 2-15　三态门符号

图 2-15（b）是另一种三态非门，其控制端 $EN=1$ 时，该电路与普通非门一样工作，当 $EN=0$ 时，输出处于高阻态。其真值表如表 2-7 所示。

表 2-7　高电平控制的三态非门

EN	A	Y
1	0	1
1	1	0
0	0	高阻
0	1	高阻

2. 应用举例

（1）用作多路开关。

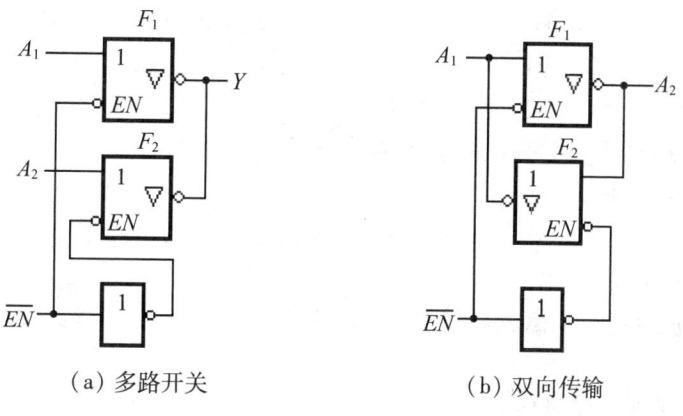

（a）多路开关　　　　　　（b）双向传输

图 2-16　三态门的应用举例

在图 2-16（a）中，$\overline{EN}$ 是整个电路的使能端。当 $\overline{EN}=0$ 时，门 F_1 使能、F_2 禁止，$Y=\overline{A_1}$；当 $\overline{EN}=1$ 时，门 F_2 使能、F_1 禁止，$Y=\overline{A_2}$。

F_1、F_2 构成两个开关，可以根据需要将 F_1、F_2 反相后送到输出端。

（2）用作信号双向传输。

在图 2-16（b）中，两个三态输出反相器反并联起来构成双向开关，当 $\overline{EN}=0$ 时，信号向右传送，$A_2=\overline{A_1}$。当 $\overline{EN}=1$ 时，信号向左传送，$A_1=\overline{A_2}$。

2.5　CMOS 集成门电路

MOS 系列门电路中，采用 N 沟道增强型 MOS 管和 P 沟道增强型 MOS 管构成的互补对称电路，成为 CMOS 门电路。这种系列的门电路具有体积小，制造简单，可以制成高集成度的集成电路，是目前应用最广泛的集成电路之一。

一、常用 CMOS 集成电路

在 CMOS 集成电路系列中，比较典型的产品有美国 RCA 公司开发的 4000 系列和 Motorola 公司开发的 4500 系列。

4000、4500 系列集成电路的命名规则，由以下四部分组成：（1）厂家器件型号前缀；（2）序列号；（3）集成电路功能编号；（4）类号。对其各部分组成说明以下：

（1）"厂家器件型号前缀"是由厂家给定的，如"MC"表示美国 Motorola 公司的器件型号前缀；"CD"表示美国 RCA 公司的器件型号前缀。

（2）"序列号"用 40 或 50 表示。只有美国 Motorola 公司产品用 140 或 145 表示。

（3）"集成电路功能编号"从 00 开始。

（4）"类号"为 A 或 B，其中 B 类已形成了市场的主流。

一般而言，根据第（2）～（4）项即可知集成电路的类型。国产 CMOS 系列集成电路与国际 CMOS 系列集成电路命名的对应关系，如表 2-8 所示。

表 2-8

国产系列	国际对应系列
CC4000	CD4000/MC14000
CC4500	CD4500/MC14500

二、CMOS 集成门电路使用中应注意的几个问题

1. 注意输入端的静电防护

（1）在储存和运输中，最好用金属容器或者导电材料包装，不要放在易产生静电同压的化工材料或化纤织物中。

（2）组装、调试时，电烙铁、仪表、工作台等均应良好接地；要防止操作人员的静电干扰损坏。

2. 注意输入电路的过渡保护

由于接通和关断电源时，容易产生较大的瞬态输入电流。为保证不超过器件允许

的电流容限,应在输入端串接限流电阻起保护作用,如若 $V_{DD}=10\text{ V}$,则取限流电阻为 $10\text{ k}\Omega$。

3. 注意电源电压极性,防止输入端短路

(1) CMOS 电路的电源电压,一定要注意不能把极性接反;V_{DD} 接电源正极,V_{SS} 接电源负极或接地。

(2) 电路输出端既不能和电源短接,也不能与地短接,否则输出级 MOS 管就会因过流而损坏。

(3) 在接装电路,插拔电路器件时,必须切断电源,严禁带电操作。

2.6 TTL 与 MOS 集成电路的区别及使用注意事项

一、TTL 与 MOS 集成电路性能比较

(1) MOS 输入阻抗很高,一般在 $10^8\ \Omega$ 以上,带负载能力比 TTL 强。
(2) MOS 工作速度比 TTL 慢。
(3) MOS 电源电压范围 3~18 V,抗干扰能力比 TTL 强。
(4) MOS 栅极电流几乎为 0,功耗比 TTL 小。
(5) MOS 因功耗小、发热量小,集成度比 TTL 高。
(6) MOS 稳定性能好,抗辐射能力强。
(7) MOS 容易受静电感应而击穿,因此多余输入端要接地或接电源。

二、集成逻辑门闲置输入端的处理

1. TTL 型集成逻辑门电路闲置输入端的处理

TTL 集成门电路使用时,对于闲置输入端(没有输入信号的输入端)一般不悬空,主要是防止干扰信号从悬空输入端引入电路。对于闲置输入端的处理以不改变电路逻辑功能及工作稳定为原则。常用的方法有以下几种:

(1) TTL 与非门闲置输入端的处理。

① 直接接电源 V_{cc} 或通过 1~10 kΩ 的电阻接电源 V_{cc}。如图 2 – 17(a)(b)所示。

② 与有用输入端并联使用,如图 2 – 17(c)所示。

③ 在外界干扰很小时,可以悬空或剪断(相当于接高电平),如图 2 – 17(d)所示;但不允许接开路长线,以免引入干扰而产生逻辑错误。

(2) TTL 或非门闲置输入端的处理。

① 不能悬空,闲置输入端应直接接地。如图 2 – 17(e)所示。

② 对与或非门中不使用的与门至少有一个输入端接地。如图 2 – 17(f)所示。

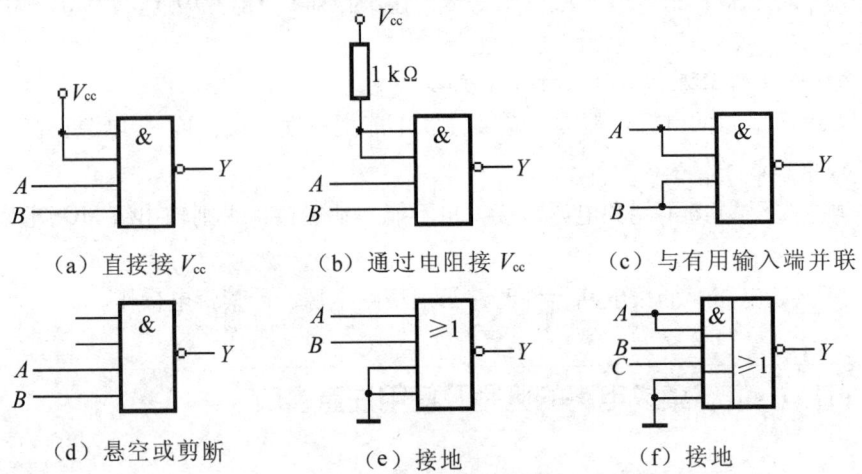

图 2-17 与非门和或非门闲置输入端的处理

2. MOS 型集成逻辑门电路闲置输入端的处理

（1）闲置输入端不允许悬空。

（2）对于与门和与非门，闲置输入端应接正电源或高电平；对于或门和或非门，闲置输入端应接地或低电平。

（3）闲置输入端不宜与使用输入端并联使用，因为这样会增加输入电容。从而使电路的工作速度下降。但在工作速度很低的情况下，允许输入端并联使用。

本章小结

门电路是构成各种复杂数字电路的基本单元。掌握各种门电路的逻辑功能特点，对于正确分析和使用数字集成电路是十分必要的。

TTL 逻辑门电路是当前应用较广泛的门电路之一，常用的有 TTL 与门、或门、非门、与非门、OC 门和三态门。OC 门是集电极开路门，使用时需外接负载电阻；而三态门是具有控制端且输出有高电平、低电平以及高阻抗三种状态的门电路，使用时不需要像 OC 门那样接上负载电阻。学习中，应掌握各种门电路的基本逻辑功能和主要性能指标。

与 TTL 门电路相比，MOS 门电路功耗低，噪声容限大，开关速度也与 TTL 越来越接近，有取代 TTL 的趋势。

在使用 CMOS 器件时应特别注意掌握正确的使用方法，否则容易造成损坏。

实训项目一 逻辑门电路的基本功能测试

一、实训目标

(1) 熟悉门电路的逻辑功能。
(2) 掌握门电路的应用和逻辑电平的测量方法。

二、实训设备与器件

(1) 多媒体课室。
(2) 万用表 1 台，直流电源 1 台，元器件 1 批（视电路图定），"面包板" 1 块等设备器材，做电路连接测试。

三、实训内容与步骤

启动仿真软件：

(1) 运行 Proteus ISIS 或其他 EDA 软件，在 ISIS 主窗口编辑各门电路功能测试电路原理图。

(2) 仿真。置各开关不同组合状态，观察电路输出端逻辑电平变化情况，填入各测试表格中。

1. 或门、或非门电路逻辑功能测试

或门、或非门逻辑功能测试电路如图 1 所示，将测试结果填入表 1 中，并简述或门电路的逻辑功能特点。

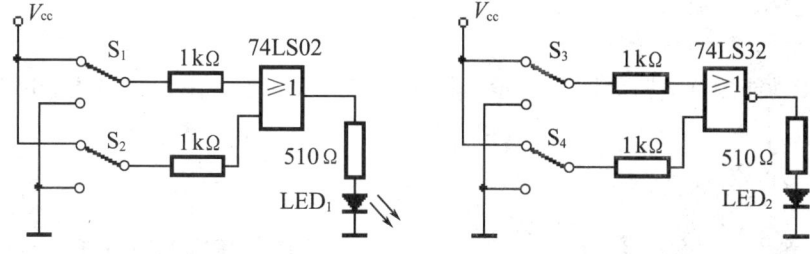

(a) 或门逻辑功能测试电路　　　(b) 或非门逻辑功能测试电路

图 1　或门、或非门逻辑功能测试电路

表 1　逻辑功能测试表

S_1	S_2	LED_1 状态	S_3	S_4	LED_2 状态
0	0		0	0	
0	1		0	1	
1	0		1	0	
1	1		1	1	

或门电路的逻辑功能简述为：_____。

或非门电路的逻辑功能简述为：_____。

2. 与门、与非门电路逻辑功能测试

与门、与非门逻辑功能测试电路如图 2 所示，将测试结果填入表 2 中，并简述与门、与非门电路的逻辑功能特点。

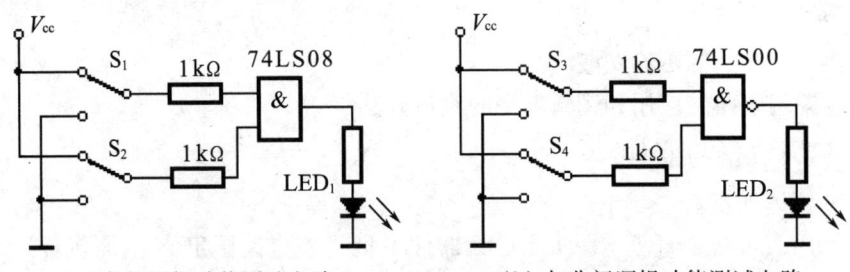

（a）与门逻辑功能测试电路　　　　（b）与非门逻辑功能测试电路

图 2　与门、与非门逻辑功能测试电路

表 2　逻辑功能测试表

S_1	S_2	LED_1 状态	S_3	S_4	LED_2 状态
0	0		0	0	
0	1		0	1	
1	0		1	0	
1	1		1	1	

与门电路的逻辑功能简述为：_____。

与非门电路的逻辑功能简述为：_____。

3. 非门电路逻辑功能测试

非门逻辑功能测试电路如图 3 所示，将测试结果填入表 3 中，并简述非门电路的逻辑功能特点。

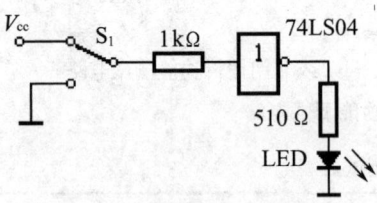

图 3　非门逻辑功能测试电路

表 3　逻辑功能测试表

S_1	LED 状态
0	
1	

非门电路的逻辑功能简述为：_____。

4. 异或门电路逻辑功能测试

异或门逻辑功能测试电路如图 4 所示，将测试结果填入表 4 中，并简述异或门电路的逻辑功能特点。

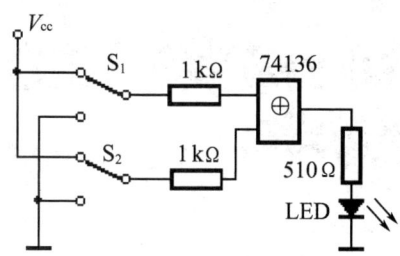

图 4　异或门逻辑功能测试电路

表 4　逻辑功能测试表

S₁	S₂	LED 状态
0	0	
0	1	
1	0	
1	1	

异或门电路的逻辑功能简述为：_____。

5．三态门电路逻辑功能测试

三态门逻辑功能测试电路如图 5 所示，将测试结果填入表 5 中，并简述三态门电路的逻辑功能特点。

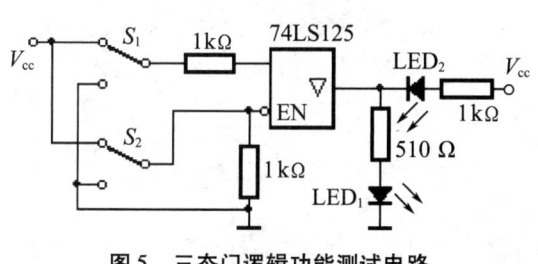

图 5　三态门逻辑功能测试电路

表 5　逻辑功能测试表

S₁	S₂	LED₁ 状态	LED₂ 状态
0	0		
0	1		
1	0		
1	1		

三态门电路的逻辑功能简述为：_____
_____。

实训项目二 由门电路构成的四路抢答器的设计、制作与测试

一、实训目的
(1) 了解集成逻辑门芯片的结构特点。
(2) 体验由集成逻辑门实现复杂逻辑关系的一般方法。
(3) 熟悉集成门电路的正确使用方法。

二、实训设备与器件
(1) 多媒体课室。安装了 Proteus ISIS 或其他 EDA 仿真软件。
(2) 仪器设备：万用表1台，直流电源1台，逻辑笔1支。
(3) 器件：六非门 74LS04 1片，四-2输入与门 74LS08 1片，二-4输入与非门 74LS20 2片，四-2输入或门 74LS32 1片，470 Ω 电阻9个，LED 发光二极管4个，按钮开关5个，覆铜板和三氯化铁（或"面包板"）等。

三、逻辑要求
(1) 用门电路构成简易抢答器。
(2) 抢答器任意一路的抢答开关被按下后，与其对应的指示灯发光，这时，其余各路开关再被按下均无效。
(3) 可清除状态，接受下一轮抢答。

四、实训步骤
实训电路如图1所示。它是一个由门电路构成的简易抢答器。电路由按键组、自锁电路、互锁电路和显示电路四个部分组成。

第二章 逻辑门电路

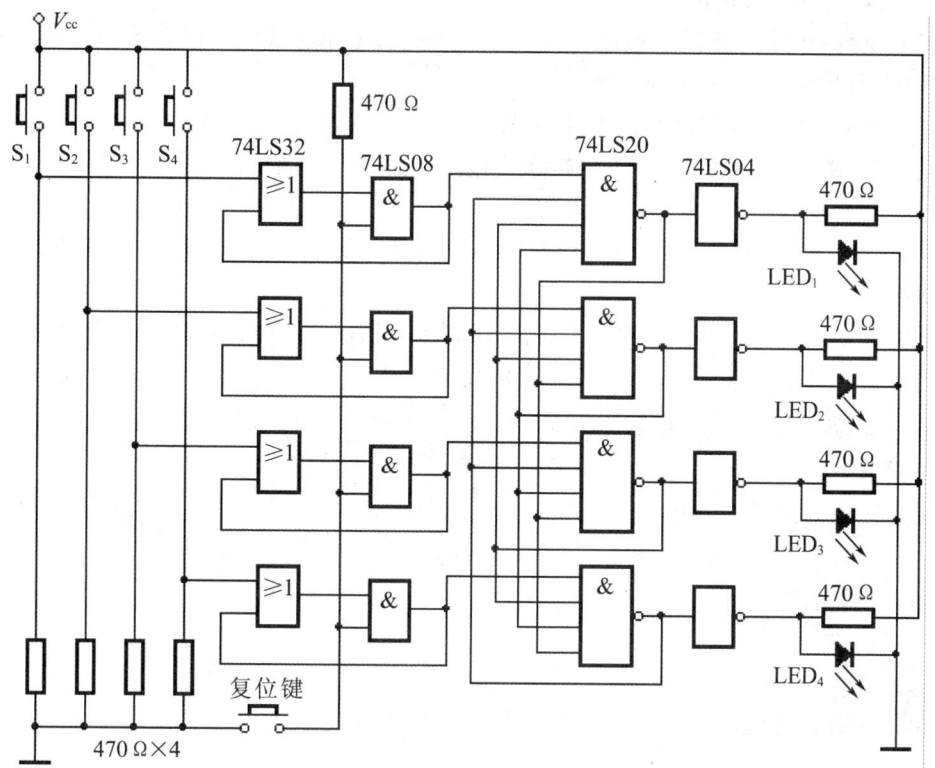

图 1 由门电路构成的四路抢答器电路

步骤：

1. 课堂讲解与仿真演示

检验电路工作是否满足设计要求，在多媒体课室随堂完成。

（1）运行 Proteus ISIS 或其他 EDA 软件，编辑电路原理图。

（2）仿真。

初始状态，$LED_1 \sim LED_4$ 不亮，当开关 S_1、S_2、S_3、S_4 任一开关按下（如开关 S_2 被按），对应的指示灯点亮（如 LED_2 灯亮），电路被锁定，其他开关再按下无效。按下复位键，电路恢复初始状态。

用"1"表示按键开关闭合或指示灯亮，用"×"表示开关动作无效，用"0"表示开关断开或指示灯不亮。填写表 1。

表 1 图 1 电路测试记录表

开关 S_1	开关 S_2	开关 S_3	开关 S_4	LED_1	LED_2	LED_3	LED_4
1	×	×	×	1	0	0	0
×	1	×	×	0	1	0	0
×	×	1	×	0	0	1	0
×	×	×	1	0	0	0	1

2. 电路的安装与调试

(1) 制作印制电路板。根据图 1 电路，绘制印制电路图，制作出印制电路板（PCB）或用万能板、"面包板"替代。

(2) 安装元器件。在自制的 PCB 上安装 IC（注意方向）、电阻、指示灯（注意极性）、按钮开关，焊接完好，或在万能板上连接焊接或在"面包板"上正确插接。

(3) 调试测试。

①正确接入 +5 V 直流电源，分别按下开关 S_1、S_2、S_3、S_4，观察指示灯点亮情况。对照表 1 是否一致。

②用万用表或逻辑笔分别测试 LED_1、LED_2、LED_3、LED_4 点亮时各 IC 输入、输出引脚的电平，自制表格记录，用"1"表示高电平，"0"表示低电平。

五、电路分析，编制实训报告

实训报告内容包括：

(1) 实训目的；

(2) 实训仪器设备；

(3) 项目设计功能要求；

(4) 原理电路图；

(5) 电路工作原理；

(6) 元器件清单；

(7) 主要收获和体会；

(8) 对实训课的意见建议。

习 题

2.1 简述半导体二极管、三极管的开关特性。

2.2 简述与非门的逻辑功能。

2.3 三态门的"三态"是指哪三态?主要应用于哪些方面?

2.4 CMOS、TTL 集成电路多余输入端应如何处理?

2.5 简述 CMOS 集成电路与 TTL 集成电路的性能特点。

2.6 判断习题 2.6 图所示 TTL 门电路的输出状态。

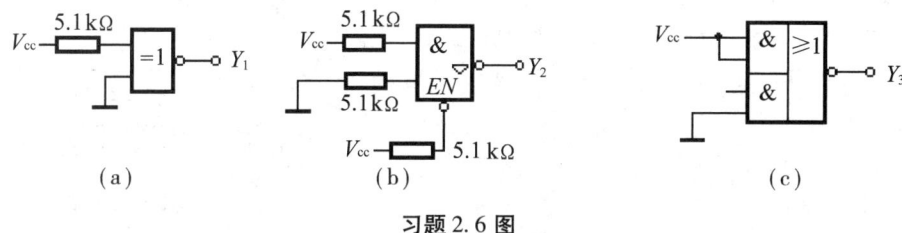

习题 2.6 图

2.7 判断习题 2.7 图所示 CMOS 门电路的输出状态。

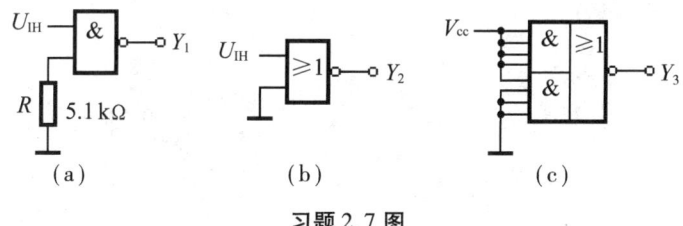

习题 2.7 图

2.8 查找 74LS08 集成电路的资料,画出其引脚图。

2.9 列出习题 2.9 图(a)电路的真值表。若输入信号波形如图(b)所示,试画出输出波形。

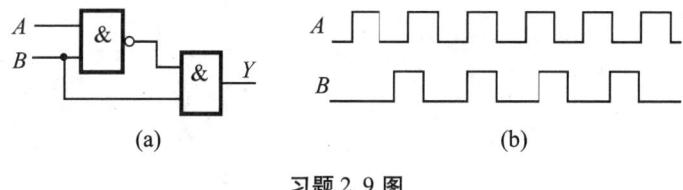

习题 2.9 图

2.10 利用与门、或门和非门实现与非门、或非门、同或门和异或门,画出最简逻辑电路图。

2.11 分别用门电路实现以下逻辑表达式。

(1) $Y_1 = (B+D) \cdot (\overline{A} + \overline{C}) + A \cdot D$;

(2) $Y_2 = \overline{A} + B \cdot \overline{C} + B \cdot C \cdot \overline{D}$。

2.12 判断题（正确的在括号内打√，错误的在括号内打×）。
(1) 二极管、晶体管在数字电路中与在模拟电路中的工作状态是完全相同的。
（　　）
(2) 当 TTL 与非门的输入端悬空时相当于输入为逻辑 1。（　　）
(3) 普通的逻辑门电路的输出端不可以并联在一起，否则可能会损坏器件。
（　　）
(4) OC 门（集电极开路门）的输出端可以直接相连，实现线与。（　　）
(5) 对于 CMOS 门电路，不用的管脚可悬空。（　　）
(6) CMOS 电路比 TTL 电路功耗大。（　　）
(7) 逻辑 0 只表示低电平，逻辑 1 只表示高电平。（　　）
(8) 在 TTL 电路中通常规定高电平额定值为 5 V。（　　）

2.13 根据习题 2.13 图输入波形，画出下列逻辑函数的输出波形图。
(1) $Y_1 = A \oplus B$；
(2) $Y_2 = A \odot B$。

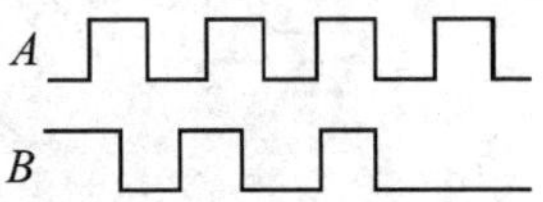

习题 2.13 图

学习情境三 十字路口交通信号灯定时控制系统

十字路口交通信号灯定时控制系统是城乡道路十字路口指挥交通、维持十字路口交通秩序的实时控制系统,与人们日常出行息息相关。

该控制系统包括基准信号、定时预置电路、计数、逻辑控制、译码、显示电路等。

在这个学习情境中,以十字路口交通信号灯定时控制系统为切入点,紧扣所关联的知识点,设置了编码器、译码器、触发器、寄存器、计数器、555 定时器功能测试及其相关应用电路的设计制作等共 12 个项目。通过项目带动,了解组合逻辑电路和时序逻辑电路的特点与应用,学习数字电路中基本集成电路的使用技能,掌握基本功能电路的设计、制作与测试的能力。

教学任务:

(1) 介绍编/译码概念,介绍组合逻辑电路的分析与设计方法;
(2) 介绍时序逻辑电路的特点和时序逻辑电路的分析方法;
(3) 介绍计数器的基本工作原理及其应用;
(4) 介绍寄存器的基本功能及其一般应用;
(5) 介绍 555 定时器的功能及其应用;
(6) 介绍十字路口交通信号灯控制器的整体设计方法。

学习目标:

(1) 理解编/译码概念,掌握编码器和译码器的工作原理、熟悉常用集成编/译码器、计数器各管脚的功能,以及编码器、译码器、计数器的使用。

(2) 理解组合逻辑电路的概念和功能特点;了解组合逻辑电路的设计步骤,初步掌握用小规模合成电路设计组合逻辑电路的方法;了解编码器、译码器、加法器的逻辑功能及其主要用途,掌握编码器、译码器、显示译码器、加法器的基本应用,初步掌握二位可预置数的减法计数电路的设计与制作。

(3) 了解基本触发器的电路组成,理解触发器的记忆功能;掌握 RS 触发器、JK 触发器、D 触发器、T 触发器的逻辑功能及触发方式。

(4) 理解计数器基的本概念;掌握二进制计数器和十进制计数器常用集成产品的功能及其应用;掌握实现 N 进制计数器的方法。

(5) 了解寄存器的基本功能,熟悉寄存器的使用方法和一般应用。

(6) 熟悉脉冲的产生、整形原理;熟练掌握 555 定时器的功能及用 555 定时器设计多谐振荡器、施密特触发器、单稳态触发器。

教学实施:

(1) 在多媒体课室实施,教师课堂讲授、仿真演示;
(2) 学生动手仿真实验验证结论或记录仿真结果,深化理解理论知识;
(3) 学生分组练习、讨论、总结归纳,教师点评,消化吸收课堂学习的知识点。

第三章 组合逻辑电路

组合逻辑电路是数字电路的重要器件之一。本章介绍了组合逻辑电路的特点,重点讲解了组合逻辑电路的分析方法和设计方法,介绍了几种常用的组合逻辑电路(如加法器、数值比较器、编码器、译码器等)的功能特点及其应用;列举了用 Proteus 7.1 仿真测试编码器、译码器逻辑功能的实例和用 Proteus 7.1 分析组合逻辑电路的实例。

3.1 概　述

一、组合逻辑电路的特点

在数字系统中,根据逻辑功能的不同特点,可以将数字电路分为两大类型:一类是组合逻辑电路(简称组合电路),另一类是时序逻辑电路(简称时序电路)。

在组合逻辑电路中,任何时刻的输出只与该时刻的输入状态有关,与电路原来的状态无关。组合逻辑电路的示意框图如图 3 - 1 所示。

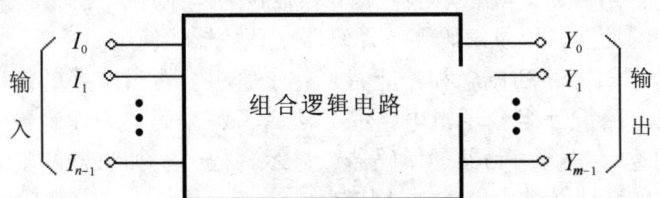

图 3 - 1　组合逻辑电路示意框图

组合逻辑电路的结构特点:
(1)由常用门电路组成。
(2)输出与输入之间没有反馈通路。
(3)电路中不包含可以存储信号的记忆元件。

二、逻辑功能的描述

从理论上来说,逻辑图本身就是逻辑功能的一种表达方式,然而在许多情况下,用逻辑图所表示的逻辑功能不够直观,往往还需要把它转换成逻辑表达式或真值表的形式,以使电路的逻辑功能更加直观、明显。例如,将图 3 - 2 所示组合逻辑电路的逻辑功能写成函数表达式的形式即可得到:

第三章 组合逻辑电路

$$Y = \overline{\overline{\overline{BC} \cdot \overline{AB}}}$$

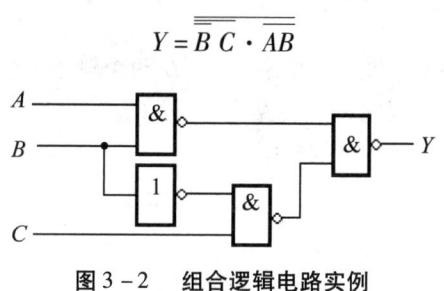

图 3-2 组合逻辑电路实例

3.2 组合逻辑电路的分析方法与设计方法

3.2.1 组合逻辑电路的基本分析方法

所谓组合逻辑电路的分析，即是通过分析找出电路的逻辑功能。

组合电路的分析，通常可按下述步骤进行：

（1）根据给定的逻辑电路图，从输入到输出逐级写出输出逻辑表达式，最后求出整个电路的输出与输入关系的逻辑函数式。

（2）用公式化简法或卡诺图化简法将得到的逻辑函数式化简或变换，以便使逻辑关系简单明了。

（3）为了使电路的逻辑关系更加直观，有时还可以将逻辑函数式转换为真值表。

（4）分析真值表、概括说明已知逻辑电路的逻辑功能。

例 1 试分析图 3-3 所示电路的逻辑功能。

解：（1）写出输出函数 Y 的逻辑表达式：

$$Y = \overline{\overline{A\overline{B}} \cdot \overline{\overline{A}B}}$$

（2）进行化简：

$$Y = \overline{\overline{A\overline{B}} \cdot \overline{\overline{A}B}} = \overline{\overline{A\overline{B}}} + \overline{\overline{\overline{A}B}} = A\overline{B} + \overline{A}B$$

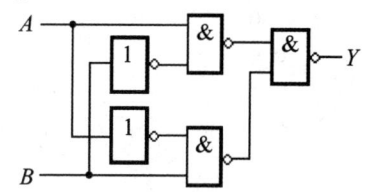

图 3-3 例 1 的逻辑电路图

（3）列真值表。

由表达式求出真值表如表 3-1 所示。

表 3-1 例 1 的真值表

输 入		输 出
A	B	Y
0	0	0
0	1	1
1	0	1
1	1	0

(4) 逻辑功能分析。

由表 3-1 所示真值表可以看出,在输入 A、B 两个输入变量相同时输出为 0;两个输入变量不同时,输出为 1。因此,该电路为异或门。

例 2 试分析图 3-4 所示电路的逻辑功能。

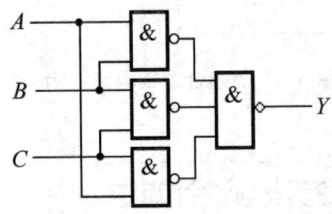

图 3-4 例 2 的逻辑电路图

解:(1) 由图 3-4 得出逻辑函数表达式为:
$$Y = \overline{\overline{AB} \cdot \overline{BC} \cdot \overline{AC}} = \overline{\overline{AB}} + \overline{\overline{BC}} + \overline{\overline{AC}} = AB + BC + AC$$

(2) 列真值表。

由表达式求出真值表如表 3-2 所示。

表 3-2 例 2 的真值表

输入			输出
A	B	C	Y
0	0	0	0
0	0	1	0
0	1	0	0
0	1	1	1
1	0	0	0
1	0	1	1
1	1	0	1
1	1	1	1

(3) 逻辑功能分析。

由真值表可以看出,若输入有两个或者两个以上是 1 时,输出为 1,否则为 0。此电路实际可作为三人表决器使用。

3.2.2 组合逻辑电路的设计方法

组合逻辑电路的设计与分析相反,它是根据给出的实际逻辑问题,求出实现这一逻辑功能的最简单逻辑电路。"最简单"指的是电路所用的器件数量最少,器件种类最少,而且器件之间连线也最少。

组合逻辑电路的设计一般可按如下步骤进行:

(1) 分析事件的逻辑关系,确定输入变量和输出变量。一般是把引起事件的原因定为输入变量,而把事件的结果作为输出变量。

(2) 定义逻辑状态的含意。

以 0、1 分别代表输入变量和输出变量的两种不同状态。这里的 0 和 1 的具体含义由设计者选定。这项工作也称为逻辑状态赋值。

(3) 根据给定的因果关系列出真值表。

(4) 根据真值表,写出逻辑函数式。

(5) 化简逻辑函数,求出所需要的表达式形式。注意根据对电路的具体要求和器件的资源情况决定采用哪一种类型的器件。

(6) 根据化简或变换后的逻辑表达式,画出逻辑电路的连接图。

例 3 用与非门设计一个三人裁判器,除主裁判外至少有一个副裁判判"是",结果才有效(主裁判有一票否决权)。

解:(1) 给输入变量、输出变量赋值,列出真值表。

设 A 为主裁判,B、C 为副裁判,判"是"为 1,"否"则为 0;Y 为裁判结果。结果有效为 1,无效为 0。列出真值表如表 3-3 所示。

表 3-3 例 3 的真值表

输入			输出
A	B	C	Y
0	0	0	0
0	0	1	0
0	1	0	0
0	1	1	0
1	0	0	0
1	0	1	1
1	1	0	1
1	1	1	1

(2) 根据真值表,写出逻辑函数的最小项表达式。

将真值表中输出为 1 所对应的各输入原变量、反变量组成一个乘积项,再将各个为 1 的乘积项按或逻辑关系组合起来,即得所求输出逻辑函数的最小项表达式:

$$Y = A\overline{B}C + AB\overline{C} + ABC$$

(3) 化简逻辑函数。

化简后得到逻辑函数表达式为:

$$Y = AB + AC = \overline{\overline{AB} \cdot \overline{AC}}$$

根据真值表或逻辑函数表达式,画出卡诺图如图 3-5 所示。

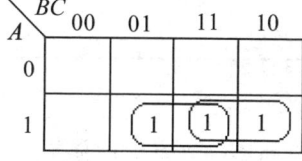

图 3-5 例 3 的卡诺图

(4) 根据所得结果,画出三人裁判器的逻辑电路图如图 3-6 所示。

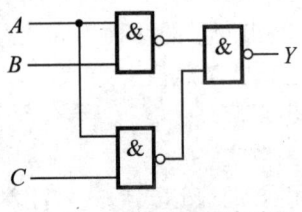

图 3-6 例 3 的逻辑电路图

3.3 常用的组合逻辑电路

在数字系统和计算机系统中实际使用的组合逻辑电路种类很多,本节主要介绍比较常用的加法器、数值比较器、编码器、译码器、数据选择器等几种组合逻辑电路的工作原理和使用方法。

3.3.1 加法器

两个二进制数之间的算术运算无论是加、减、乘、除,在数字计算机中都是化成若干步加法运算进行。因此,加法器是构成计算机运算器的基本单元。

一、半加器

半加:两个 1 位二进制数相加,只考虑两个加数本身,而不考虑来自低位的进位,叫做半加。

实现半加运算的电路,叫做半加器。

两个 1 位二进制数相加,例如 A 和 B 相加,会有四种情况:$0+0=0$,$0+1=1$,$1+0=1$,$1+1=10$。可见半加结果有两个输出,一是半加和,二是半加进位。若用 S 表示和数,用 CO 表示进位数,用真值表表示如表 3-4 所示。

表 3-4 半加器的真值表

输入		输出	
A	B	S	CO
0	0	0	0
0	1	1	0
1	0	1	0
1	1	0	1

由真值表写出逻辑表达式为:

$$S = \overline{A}B + A\overline{B} = A \oplus B$$
$$CO = AB$$

画出逻辑图如图 3-7（a）所示。逻辑符号如图 3-7（b）所示。

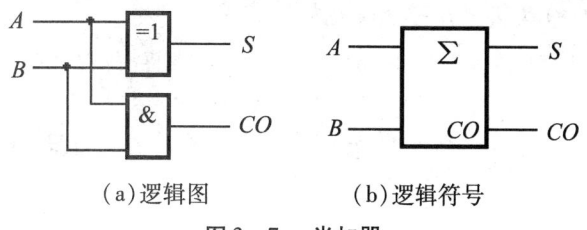

(a)逻辑图　　　　　(b)逻辑符号

图 3-7　半加器

二、全加器

（1）全加的概念。

在将两个多位二进制数相加时，除了最低位外，每一位都应该考虑来自低位的进位，即将两个对应位的加数和来自低位的进位数三者相加。这种加法运算就是全加，实现全加运算的电路就叫全加器。

如两个 3 位二进制数 A 和 B，设 $A = A_2 A_1 A_0 = 101$，$B = B_2 B_1 B_0 = 111$，则 $A + B$ 的竖式运算如下：

```
  1 0 1   …… A
  1 1 1   …… B
+ 1 1 1   …… 来自低位的进位
---------
1 1 0 0
```

（2）全加器的真值表。

全加器具有三个输入端和两个输出端，如果用 A_i、B_i 表示两个数中的第 i 位，用 C_i 表示低位的进位，用 CO 表示送给高位（第 $i+1$ 位）的进位，根据全加运算的规则便可列出全加器的真值表，见表 3-5。

表 3-5　全加器的真值表

输　入			输　出	
A_i	B_i	C_i	S_i	CO
0	0	0	0	0
0	0	1	1	0
0	1	0	1	0
0	1	1	0	1
1	0	0	1	0
1	0	1	0	1
1	1	0	0	1
1	1	1	1	1

（3）由真值表写出输出函数的最小项之和表达式。

$$S_i = \overline{A_i}\,\overline{B_i}C_i + \overline{A_i}B_i\overline{C_i} + A_i\overline{B_i}\,\overline{C_i} + A_i B_i C_i$$

$$CO = \overline{A_i}B_i C_i + A_i\overline{B_i}C_i + A_i B_i\overline{C_i} + A_i B_i C_i$$

(4) 将最小项之和作适当变换,可得:
$$S_i = \overline{A_i \oplus B_i} \cdot \overline{C_i} + A_i \oplus B_i \cdot \overline{C_i} = A_i \oplus B_i \oplus C_i$$
$$CO = \overline{A_i} B_i C_i + A_i \overline{B_i} C_i + A_i B_i (\overline{C_i} + C_i) = (A_i \oplus B_i) C_i + A_i B_i$$

(5) 画逻辑图。

全加器的逻辑图如图3-8(a)所示。图3-8(b)是全加器的图形符号。

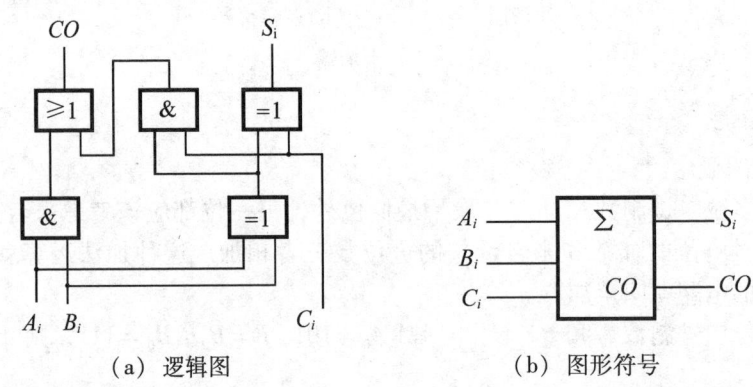

(a) 逻辑图　　　　　　　　(b) 图形符号

图3-8　全加器

三、多位加法器

实现多位二进制数相加的电路称为多位加法器。加法器主要由若干位全加器构成。如将 $n+1$ 位的全加器串接起来就可以构成 $n+1$ 位的加法器,就能实现两个 $n+1$ 位的二进制数的加法运算。根据进位方式的不同,有串行进位加法器和超前进位加法器两种。如图3-9所示是一个4位串行进位加法器的逻辑图。

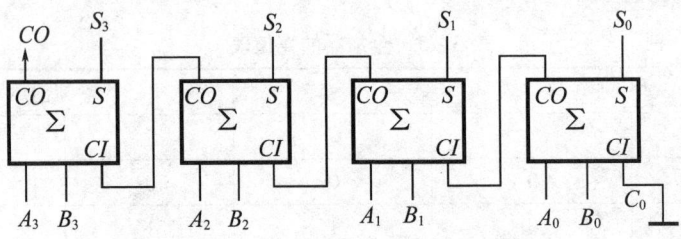

图3-9　4位串行进位加法器

串行进位加法器电路比较简单,但相加的二进制数位数越多,则进位转换的时间越长,加法器的工作速度也就越慢。

为了提高加法运算的速度,人们设计了超前进位加法器,此处不再做专门介绍,读者可参阅有关资料。

四、加法器的应用举例

加法器在数字系统中应用广泛。它除了能进行多位二进制的加法运算外,还可以实现码组变换功能。

例4　试用一片集成4位加法器74LS283设计一个代码转换电路,将8421BCD码转换为余3码。

◆ 第三章 组合逻辑电路

解：以 8421BCD 码为输入、余 3 码为输出，列出代码转换的真值表如表 3 – 6 所示。

仔细观察表 3 – 6 可以看出，Y_3、Y_2、Y_1、Y_0 和 A、B、C、D 所代表的二进制数始终相差 0011，即十进制数的 3。所以，要实现 8421BCD 码到余 3 码的转换，只需将 8421BCD 码加上 0011 即得余 3 码。电路连接如图 3 – 10 所示。

表 3 – 6 例 4 的真值表

输 入				输 出			
A	B	C	D	Y_3	Y_2	Y_1	Y_0
0	0	0	0	0	0	1	1
0	0	0	1	0	1	0	0
0	0	1	0	0	1	0	1
0	0	1	1	0	1	1	0
0	1	0	0	0	1	1	1
0	1	0	1	1	0	0	0
0	1	1	0	1	0	0	1
0	1	1	1	1	0	1	0
1	0	0	0	1	0	1	1
1	0	0	1	1	1	0	0

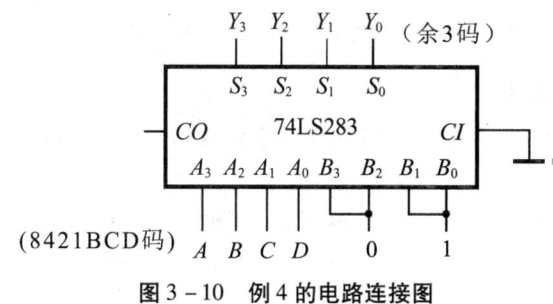

图 3 – 10 例 4 的电路连接图

3.3.2 数值比较器

在数字系统中，经常需要比较两个数 A 和 B 的大小，数值比较器就是对两个位数相同的二进制数 A、B 进行比较，其结果有 "$A > B$"、"$A < B$"、"$A = B$" 三种可能性。用来完成两个二进制数的大小比较的逻辑电路称为数值比较器。

一、1 位数值比较器

设 A、B 是两个 1 位二进制数，比较结果为 E、H、L。E 表示 $A = B$，H 表示 $A > B$，

L 表示 $A<B$,并约定当 $A=B$ 时令 $E=1$,$A>B$ 时令 $H=1$,$A<B$ 时令 $L=1$,其真值表如表 3-7 所示。

表 3-7 1 位数值比较器的真值表

输 入		输 出		
A	B	E	H	L
0	0	1	0	0
0	1	0	0	1
1	0	0	1	0
1	1	1	0	0

由真值表可直接得到逻辑表达式为:

$$E = \overline{A}\,\overline{B} + AB = A \odot B = \overline{A \oplus B}$$
$$H = A\overline{B}$$
$$L = \overline{A}B$$

根据逻辑表达式画出逻辑图如图 3-11 所示。

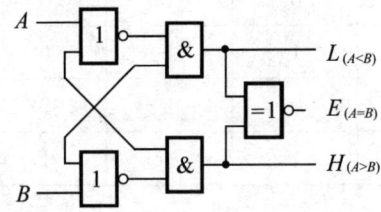

图 3-11 1 位数值比较器的逻辑电路图

二、多位数值比较器

在比较两个多位数的大小时,必须自高而低地逐位比较,而且只有在高位相等时,才需要比较低位。

下面以中规模集成 4 位数值比较器 74LS85 为例加以说明。

集成 4 位数值比较器 74LS85 的引脚排列图如图 3-12 所示,其真值表如表 3-8 所示。

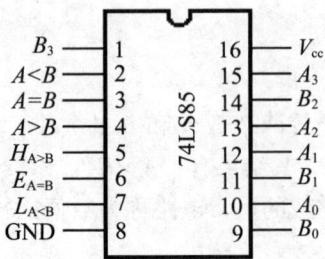

图 3-12 集成 4 位数值比较器 74LS85 的引脚排列图

表 3-8 集成 4 位数值比较器 74LS85 的真值表

比较输入				级联输入			输出		
A_3B_3	A_2B_2	A_1B_1	A_0B_0	$A<B$	$A=B$	$A>B$	$L_{A<B}$	$E_{A=B}$	$H_{A>B}$
$A_3>B_3$	×	×	×	×	×	×	0	0	1
$A_3=B_3$	$A_2>B_2$	×	×	×	×	×	0	0	1
$A_3=B_3$	$A_2=B_2$	$A_1>B_1$	×	×	×	×	0	0	1
$A_3=B_3$	$A_2=B_2$	$A_1=B_1$	$A_0>B_0$	×	×	×	0	0	1
$A_3=B_3$	$A_2=B_2$	$A_1=B_1$	$A_0=B_0$	0	0	1	0	0	1
$A_3=B_3$	$A_2=B_2$	$A_1=B_1$	$A_0=B_0$	0	1	0	0	1	0
$A_3=B_3$	$A_2=B_2$	$A_1=B_1$	$A_0=B_0$	1	0	0	1	0	0
$A_3<B_3$	×	×	×	×	×	×	1	0	0
$A_3=B_3$	$A_2<B_2$	×	×	×	×	×	1	0	0
$A_3=B_3$	$A_2=B_2$	$A_1<B_1$	×	×	×	×	1	0	0
$A_3=B_3$	$A_2=B_2$	$A_1=B_1$	$A_0<B_0$	×	×	×	1	0	0

在表 3-8 中，级联输入是供扩展使用的，称为比较器扩展端。如图 3-13 所示是用两片 4 位数值比较器构成的 8 位数值比较器的接线图。

三个级联输入端 $A<B$、$A=B$、$A>B$ 是为了扩展比较器的功能设置的，当不需要扩展比较器的位数时，$A<B$ 和 $A>B$ 端应接低电平，$A=B$ 端接高电平；当需要扩展比较器的位数时，只要将高位中的 $A<B$、$A=B$、$A<B$ 三个级联输入端与低位中的 $H_{A>B}$、$L_{A<B}$、$E_{A=B}$ 三个输出端连接起来，最低位的 $A=B$ 端应接 1，$A<B$ 和 $A>B$ 端应接 0，因为在 TTL 型 4 位数值比较器中是由各位数码比较结果直接产生输出信号的。

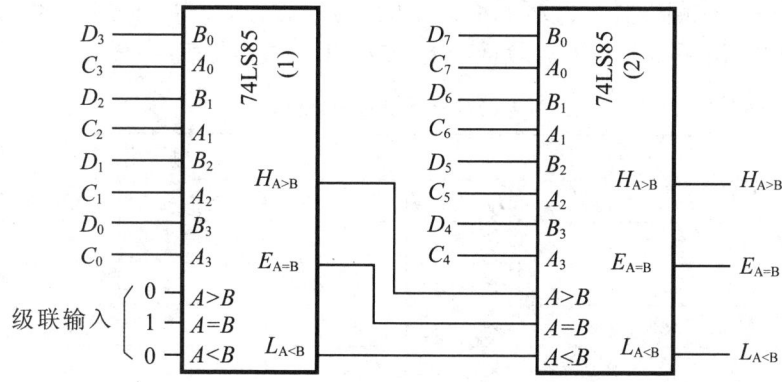

图 3-13 用两片 4 位数值比较器 74LS85 组成 8 位数值比较器的接线图

3.3.3 编码器

在数字系统中，将具有特定意义的信息（字符或数字）编成二进制代码的过程叫做编码。实现编码功能的组合逻辑电路称为编码器。例如计算机的输入键盘就是由编码器组成的,上面的每一个键都对应着一个编码,每按下一个键,编码器就将该按键的含意(控制信息)转换成一个计算机能识别的二进制数,用它去控制机器的操作。

目前经常使用的编码器有普通编码器和优先编码器。在普通编码器中,任何时刻只允许输入一个编码信号,否则输出会发生混乱。而在优先编码器中,允许同时输入两个以上的编码信号。不过在设计优先编码器时已经将所有的输入信号按优先顺序排了队,当几个输入信号同时出现时,只对其中优先权最高的一个进行编码。

一、二进制编码器

用 n 位二进制代码对 $N=2^n$ 个信号进行编码的电路称为二进制编码器。下面以本章实训项目一中采用的 8-3 线优先编码器 74LS148 为例,来说明二进制优先编码器的特点。

74LS148 编码器的引脚排列图及其逻辑符号如图 3-14 所示。

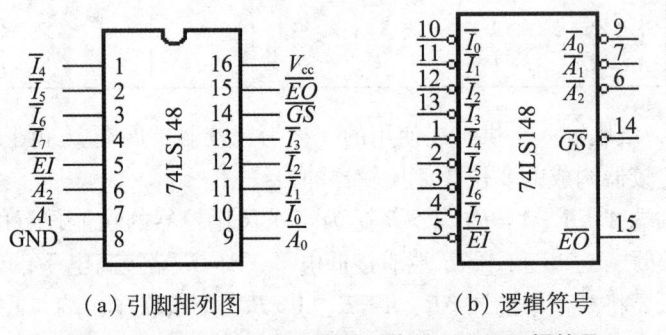

(a) 引脚排列图   (b) 逻辑符号

图 3-14   74LS148 编码器的引脚排列图及逻辑符号

74LS148 常用于优先中断系统和键盘编码。它有 8 个输入信号端,输出为 3 位二进制代码。由于是优先编码器,故允许多个输入信号同时有效,但只对其中优先级别最高的输入信号进行编码,而对级别较低者不响应。其功能表如表 3-9 所示。

表 3-9   74LS148 编码器功能表

输入									输出				
$\overline{EI}$	$\overline{I_7}$	$\overline{I_6}$	$\overline{I_5}$	$\overline{I_4}$	$\overline{I_3}$	$\overline{I_2}$	$\overline{I_1}$	$\overline{I_0}$	$\overline{A_2}$	$\overline{A_1}$	$\overline{A_0}$	$\overline{GS}$	$\overline{EO}$
1	×	×	×	×	×	×	×	×	1	1	1	1	1
0	1	1	1	1	1	1	1	1	1	1	1	1	0
0	0	×	×	×	×	×	×	×	0	0	0	0	1
0	1	0	×	×	×	×	×	×	0	0	1	0	1
0	1	1	0	×	×	×	×	×	0	1	0	0	1
0	1	1	1	0	×	×	×	×	0	1	1	0	1
0	1	1	1	1	0	×	×	×	1	0	0	0	1
0	1	1	1	1	1	0	×	×	1	0	1	0	1
0	1	1	1	1	1	1	0	×	1	1	0	0	1
0	1	1	1	1	1	1	1	0	1	1	1	0	1

由功能表可见，$\overline{I_7} \sim \overline{I_0}$是编码输入信号，0有效，其中$\overline{I_7}$优先级别最高，$\overline{I_0}$优先级别最低，低电平有效。$\overline{A_2}$、$\overline{A_1}$、$\overline{A_0}$为编码输出端，以反码输出，$\overline{A_2}$为最高位。$\overline{A_0}$为最低位。$\overline{EI}$为使能输入端，当$\overline{EI}=1$时，无论输入信号是什么，输出端都是输出1；当$\overline{EI}=0$时，$\overline{Y_2}$、$\overline{Y_1}$、$\overline{Y_0}$根据输入信号$\overline{I_7} \sim \overline{I_0}$的优先级别编码。$\overline{EO}$为使能输出端，主要用于级联和扩展。$\overline{GS}$用于标记输入信号是否有效。只要有一个输入信号为有效的低电平，$\overline{GS}$就变成低电平，它也用于编码器的级联。

二、二—十进制编码器

将0～9这10个十进制数编成二进制代码的电路，称为二—十进制编码器。

下面以集成优先编码器74LS147为例介绍这类编码器的特点。

74LS147编码器的引脚排列图及其逻辑符号如图3-15所示。

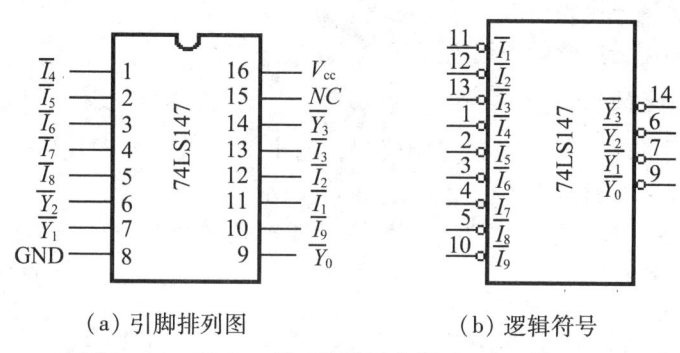

（a）引脚排列图　　　　（b）逻辑符号

图3-15　74LS147编码器的引脚排列图及逻辑符号

74LS147编码器的功能表如表3-10所示。

表3-10　74LS147编码器功能表

输入									输出			
$\overline{I_9}$	$\overline{I_8}$	$\overline{I_7}$	$\overline{I_6}$	$\overline{I_5}$	$\overline{I_4}$	$\overline{I_3}$	$\overline{I_2}$	$\overline{I_1}$	$\overline{Y_3}$	$\overline{Y_2}$	$\overline{Y_1}$	$\overline{Y_0}$
0	×	×	×	×	×	×	×	×	0	1	1	0
1	0	×	×	×	×	×	×	×	0	1	1	1
1	1	0	×	×	×	×	×	×	1	0	0	0
1	1	1	0	×	×	×	×	×	1	0	0	1
1	1	1	1	0	×	×	×	×	1	0	1	0
1	1	1	1	1	0	×	×	×	1	0	1	1
1	1	1	1	1	1	0	×	×	1	1	0	0
1	1	1	1	1	1	1	0	×	1	1	0	1
1	1	1	1	1	1	1	1	0	1	1	1	0
1	1	1	1	1	1	1	1	1	1	1	1	1

由功能表可见，编码器有9个输入端（$\overline{I_1} \sim \overline{I_9}$）和4个输出端（$\overline{Y_3}$、$\overline{Y_2}$、$\overline{Y_1}$、$\overline{Y_0}$），

以反码形式输出，$\overline{Y_3}$ 为最高位，$\overline{Y_0}$ 为最低位。输入有效信号为低电平。优先权以 $\overline{I_9}$ 为最高，$\overline{I_1}$ 为最低。若无有效信号输入即 9 个输入信号全为 1，代表输入的十进制数是 0，则输出为 $\overline{Y_3}\ \overline{Y_2}\ \overline{Y_1}\ \overline{Y_0} = 1111$（0 的反码）。

3.3.4 译码器

译码器的逻辑功能是将每个输入的二进制代码翻译成对应的输出高、低电平信号或另外一个代码。译码是编码的反操作。根据译码信号的特点，可把译码器分为二进制译码器、二—十进制译码器和数码显示译码器三类。

译码器可以由分立元件、门电路或集成电路构成。实际电路中最常用的是集成译码器。

下面将介绍使用最广泛的译码电路。

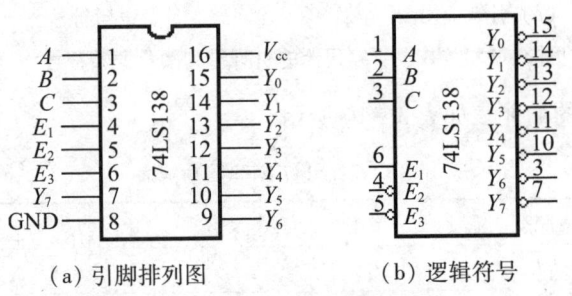

图 3-16　3 位二进制译码器框图

一、二进制译码器

二进制译码器的输入是一组二进制代码，输出是一组与输入代码一一对应的高、低电平信号。图 3-16 所示是 3 位二进制译码器的示意框图。

图 3-17 是 3-8 线译码器 74LS138 的引脚排列图及其逻辑符号。表 3-11 是 74LS138 的逻辑功能表。

(a) 引脚排列图　　　(b) 逻辑符号

图 3-17　74LS138 引脚图及逻辑符号

表 3-11　74LS138 编码器逻辑功能表

输入					输出							
E_1	$\overline{E_2}+\overline{E_3}$	C	B	A	$\overline{Y_7}$	$\overline{Y_6}$	$\overline{Y_5}$	$\overline{Y_4}$	$\overline{Y_3}$	$\overline{Y_2}$	$\overline{Y_1}$	$\overline{Y_0}$
0	×	×	×	×	1	1	1	1	1	1	1	1
×	1	×	×	×	1	1	1	1	1	1	1	1
1	0	0	0	0	1	1	1	1	1	1	1	0
1	0	0	0	1	1	1	1	1	1	1	0	1
1	0	0	1	0	1	1	1	1	1	0	1	1

续上表

输入					输出							
E_1	$\overline{E_2}+\overline{E_3}$	C	B	A	$\overline{Y_7}$	$\overline{Y_6}$	$\overline{Y_5}$	$\overline{Y_4}$	$\overline{Y_3}$	$\overline{Y_2}$	$\overline{Y_1}$	$\overline{Y_0}$
1	0	0	1	1	1	1	1	1	0	1	1	1
1	0	1	0	0	1	1	1	0	1	1	1	1
1	0	1	0	1	1	1	0	1	1	1	1	1
1	0	1	1	0	1	0	1	1	1	1	1	1
1	0	1	1	1	0	1	1	1	1	1	1	1

由表 3-11 可以写出其输出函数的表达式：

$$\overline{Y_0}=\overline{\overline{C}\,\overline{B}\,\overline{A}}=\overline{m_0} \qquad \overline{Y_1}=\overline{\overline{C}\,\overline{B}A}=\overline{m_1}$$

$$\overline{Y_2}=\overline{\overline{C}B\overline{A}}=\overline{m_2} \qquad \overline{Y_3}=\overline{\overline{C}BA}=\overline{m_3}$$

$$\overline{Y_4}=\overline{C\,\overline{B}\,\overline{A}}=\overline{m_4} \qquad \overline{Y_5}=\overline{C\,\overline{B}A}=\overline{m_5}$$

$$\overline{Y_6}=\overline{CB\overline{A}}=\overline{m_6} \qquad \overline{Y_7}=\overline{CBA}=\overline{m_7}$$

也即：

$$\overline{Y_i}=\overline{m_i} \quad (i=0\sim7)$$

由上式可见，$\overline{Y_0}\sim\overline{Y_7}$ 同时是 A、B、C 这三个变量的全部最小项的译码输出，所以也将这种译码器称为最小项译码器。

74LS138 有 3 个附加的控制端：E_1、$\overline{E_2}$、$\overline{E_3}$，当 $E_1=1$、$\overline{E_2}+\overline{E_3}=0$ 时，译码器处于工作状态。否则，译码器被禁止，所有的输出端被封锁在高电平，如表 3-11 所示。这 3 个控制端也叫做"片选"输入端，利用片选的作用可以将多片 74LS138 连接起来以扩展译码器的位数。

例 5 试用 2 片 3-8 线译码器 74LS138 组成 4-16 线译码器，将输入的 4 位二进制代码 $D_3D_2D_1D_0$ 译成 16 个独立的低电平信号 $\overline{Y_0}\sim\overline{Y_{15}}$。

解：由图 3-17 知，74LS138 仅有 3 个地址输入端 A、B、C。如果想对 4 位的二进制代码译码，只能利用一个附加控制端（E_1、$\overline{E_2}$、$\overline{E_3}$ 中的一个）作为第四个地址输入端。

取第 1 片 74LS138 的 $\overline{E_2}$ 和 $\overline{E_3}$ 作为它的第四个地址输入端（同时令 $E_1=1$），取第 2 片的 E_1 作为它的第四个地址输入端（同时令 $\overline{E_2}=\overline{E_3}=0$）。取两片的 $A=D_2$，$B=D_1$，$C=D_0$，并将第 1 片的 $\overline{E_2}$ 和 $\overline{E_3}$ 接 D_3，将第 2 片的 E_1 接 D_3，如图 3-18 所示。

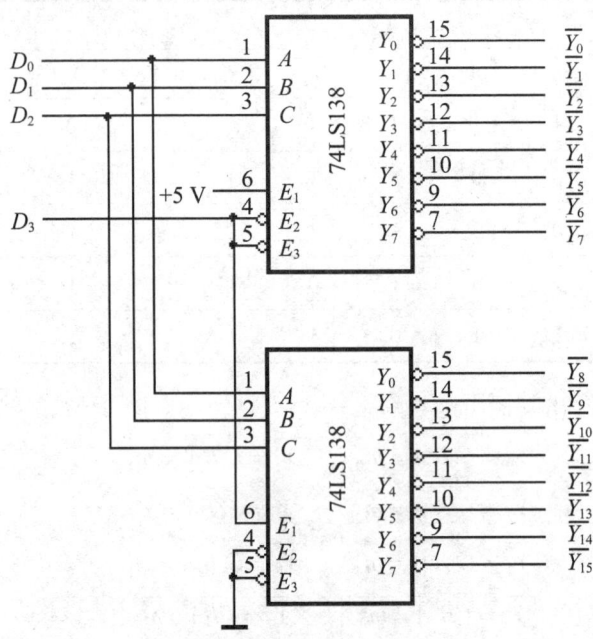

图 3-18　用 2 片 3-8 线译码器 74LS138 扩展成 4-16 线译码器的接线图

4 位输入变量 $D_3D_2D_1D_0$ 中的 $D_3=0$ 时第（1）片 74LS138 工作，第（2）片 74LS138 禁止，将 $D_3D_2D_1D_0$ 的 0000~0111 这 8 个代码译成 $\overline{Y_0} \sim \overline{Y_7}$ 8 个低电平信号。当 $D_3=1$ 时第（2）片 74LS138 工作，第（1）片 74LS138 禁止，将 $D_3D_2D_1D_0$ 的 1000~1111 这 8 个代码译成 $\overline{Y_8} \sim \overline{Y_{15}}$ 8 个低电平信号。这样，用两片 3-8 线 74LS138 就构成了一个 4-16 线的译码器了。

2-4 线译码器是译码器中最简单的一种，它有 2 个输入端，4 个输出端。表 3-12 所示是 2-4 线译码器（74LS139）的真值表，输入是 2 位二进制代码 A、B，输出是其状态译码 $Y_0 \sim Y_3$。

表 3-12　74LS139 译码器的真值表

控制端	输	入		输	出	
$\overline{E}$	A	B	Y_3	Y_2	Y_1	Y_0
0	0	0	0	0	0	1
0	0	1	0	0	1	0
0	1	0	0	1	0	0
0	1	1	1	0	0	0
1	×	×	1	1	1	1

图 3-19 所示是 74LS139 的引脚排列图和逻辑符号图。

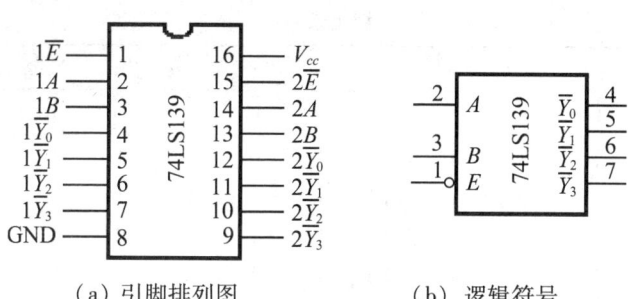

(a) 引脚排列图　　　　(b) 逻辑符号

图 3-19　74LS139 引脚排列图及逻辑符号

2-4 线译码器常用于工业自动化控制。

常用的二进制译码器除 3-8 线译码器外，还有 2-4 线译码器 74LS139，4-16 线译码器 74LS154 等。

二、二—十进制译码器

二—十进制译码器的逻辑功能是将输入的 8421BCD 码翻译成对应的 10 个高、低电平输出信号。它有 4 个输入端，10 个输出端，故又称其为 4-10 线译码器。

下面以集成 4-10 线译码器 74LS42 为例介绍它的特点。

1. 引脚排列图及逻辑符号

图 3-20 是二—十进制译码器 74LS42 的引脚排列图及逻辑符号。

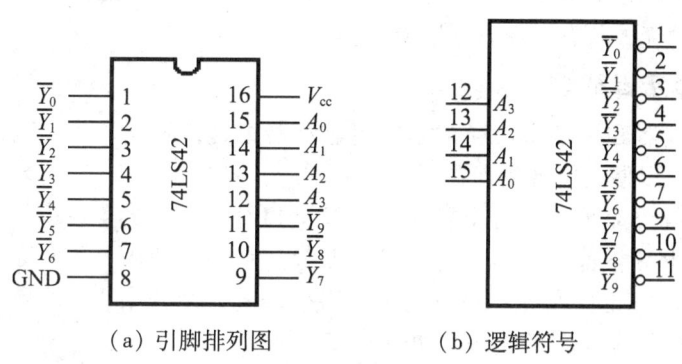

(a) 引脚排列图　　　　(b) 逻辑符号

图 3-20　74LS42 引脚排列图及逻辑符号

2. 功能表

二—十进制译码器 74LS42 的功能表，如表 3-13 所示。

表 3-13　74LS42 的二—十进制译码器功能表

十进制数	输入				输出									
	A_3	A_2	A_1	A_0	$\overline{Y_0}$	$\overline{Y_1}$	$\overline{Y_2}$	$\overline{Y_3}$	$\overline{Y_4}$	$\overline{Y_5}$	$\overline{Y_6}$	$\overline{Y_7}$	$\overline{Y_8}$	$\overline{Y_9}$
0	0	0	0	0	0	1	1	1	1	1	1	1	1	1
1	0	0	0	1	1	0	1	1	1	1	1	1	1	1
2	0	0	1	0	1	1	0	1	1	1	1	1	1	1

续上表

十进制数	输入				输出									
	A_3	A_2	A_1	A_0	$\overline{Y_0}$	$\overline{Y_1}$	$\overline{Y_2}$	$\overline{Y_3}$	$\overline{Y_4}$	$\overline{Y_5}$	$\overline{Y_6}$	$\overline{Y_7}$	$\overline{Y_8}$	$\overline{Y_9}$
3	0	0	1	1	1	1	1	0	1	1	1	1	1	1
4	0	1	0	0	1	1	1	1	0	1	1	1	1	1
5	0	1	0	1	1	1	1	1	1	0	1	1	1	1
6	0	1	1	0	1	1	1	1	1	1	0	1	1	1
7	0	1	1	1	1	1	1	1	1	1	1	0	1	1
8	1	0	0	0	1	1	1	1	1	1	1	1	0	1
9	1	0	0	1	1	1	1	1	1	1	1	1	1	0
无效	1	0	1	0	1	1	1	1	1	1	1	1	1	1
	1	0	1	1	1	1	1	1	1	1	1	1	1	1
	1	1	0	0	1	1	1	1	1	1	1	1	1	1
	1	1	0	1	1	1	1	1	1	1	1	1	1	1
	1	1	1	0	1	1	1	1	1	1	1	1	1	1
	1	1	1	1	1	1	1	1	1	1	1	1	1	1

由表3-13可见，该译码器有4个输入端A_3、A_2、A_1、A_0，有10个输出端$\overline{Y_0} \sim \overline{Y_9}$，当输入端按8421BCD编码输入数据时，输出端分别与对应的十进制数0~9输出，低电平有效。当输入的二进制码是BCD以外的伪码（即1010~1111这6个代码）时，$\overline{Y_0} \sim \overline{Y_9}$都输出高电平的无效状态，译码器拒绝"翻译"。

三、数码显示译码器

在各种电子仪器和设备中，经常需要用显示器把处理和运算结果显示出来，以便人们观测查看。

目前常用的数码显示器件有由发光二极管（LED）组成的七段数码管显示器和液晶（LCD）七段显示器等。它们一般由 a、b、c、d、e、f、g 七段发光二极管组成。根据需要，使其中的某些段发光，即可显示数字0~9，如图3-21所示。

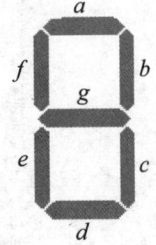

图3-21 七段显示器

1. 七段数码管显示器

七段数码管显示器的内部接法有共阴极和共阳极两种。图3-22（a）为共阳极连接方式，图3-22（b）所示为共阴极连接方式。

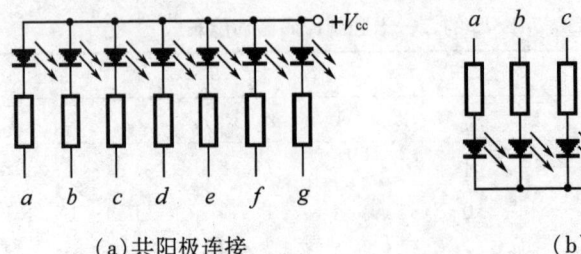

图3-22 发光二极管的两种接法

根据二极管的单向导电特性，若显示器是共阳极接法，则对应阴极接低电平的字段发光；若显示器是共阴极接法，则对应阳极接高电平的字段发光。

2. 七段字型显示译码器

一般数字系统中处理和运算的结果都是用二进制编码表示，欲要将电路处理结果通过 LED 显示器用十进制数显示出来，就需要用译码器将运算结果转换成段码，同时，为了使发光二极管发亮，还需要提供合适的驱动电路。

市场上，可以买到共阳极七段显示译码驱动器 74LS47、共阴极七段显示译码驱动器 74LS48。LED 七段显示译码驱动电路逻辑图如图 3-23 所示。

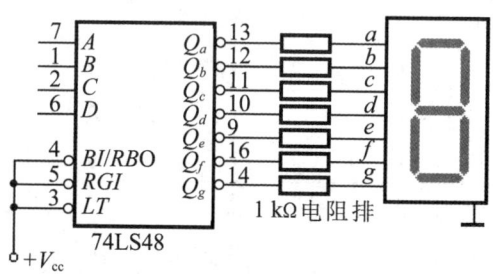

图 3-23　LED 七段显示译码驱动电路逻辑图

共阴极七段显示译码器 74LS48 功能表，如表 3-14 所示。

下面介绍三个辅助控制端的功能和用法。

（1）试灯输入 $\overline{LT}$：当 $\overline{LT}=0$，$\overline{BI/RBO}=1$ 时，可使被驱动数码管的 7 段同时点亮，显示字形为"8"，说明该数码管各段功能正常。此功能用于检查数码管的好坏。平时应使 $\overline{LT}=1$。

（2）灭零输入 $\overline{RBI}$：设置灭零输入信号的目的是为了把不希望显示的零熄灭。例如，有一个 8 位的数码显示电路，整数部分为 5 位，小数部分为 3 位，在显示 13.6 时将出现 00013.600 字样。如果将前、后多余的零熄灭，则显示的结果会更加醒目。

由表 3-14 可知，当输入 $D=C=B=A=0$ 时，本应显示 0。如果需要将这个 0 熄灭，则置 $\overline{RBI}=0$。

表 3-14　74LS48 功能表

十进制数	输入				$\overline{LT}$	$\overline{RBI}$	$\overline{BI/RBO}$	输出						
	D	C	B	A				Q_a	Q_b	Q_c	Q_d	Q_e	Q_f	Q_g
0	0	0	0	0	1	1	1	1	1	1	1	1	1	0
1	0	0	0	1	1	×	1	0	1	1	0	0	0	0
2	0	0	1	0	1	×	1	1	1	0	1	1	0	1
3	0	0	1	1	1	×	1	1	1	1	1	0	0	1
4	0	1	0	0	1	×	1	0	1	1	0	0	1	1
5	0	1	0	1	1	×	1	1	0	1	1	0	1	1
6	0	1	1	0	1	×	1	0	0	1	1	1	1	1

续上表

十进制数	输入				$\overline{LT}$	$\overline{RBI}$	$\overline{BI}/\overline{RBO}$	输出						
	D	C	B	A				Q_a	Q_b	Q_c	Q_d	Q_e	Q_f	Q_g
7	0	1	1	1	1	×	1	1	1	1	0	0	0	0
8	1	0	0	0	1	×	1	1	1	1	1	1	1	1
9	1	0	0	1	1	×	1	1	1	1	0	0	1	1
10	1	0	1	0	1	×	1	0	0	0	1	1	0	1
11	1	0	1	1	1	×	1	0	0	1	1	0	0	1
12	1	1	0	0	1	×	1	0	1	0	0	0	0	1
13	1	1	0	1	1	×	1	1	0	0	1	0	1	1
14	1	1	1	0	1	×	1	0	0	0	1	1	1	1
15	1	1	1	1	1	×	1	0	0	0	0	0	0	0
全灭	×	×	×	×	×	×	0	0	0	0	0	0	0	0
全灭	0	0	0	0	1	0	0	0	0	0	0	0	0	0
全亮	×	×	×	×	0	×	1	1	1	1	1	1	1	1

（3）灭灯输入/灭零输出 $\overline{BI}/\overline{RBO}$：这是一个双功能的输入/输出控制端。

$\overline{BI}/\overline{RBO}$ 作为输入端使用时，称为灭灯输入控制端。当 $\overline{BI}=0$ 时，无论 A、B、C、D 的状态是什么，数码管均无显示。

$\overline{BI}/\overline{RBO}$ 作为输出端使用时，称为灭零输出端。若置 $\overline{RBO}=0$，则数码管无任何显示。

四、用译码器实现组合逻辑函数

由于二进制译码器的输出为输入变量的全部最小项，即每一个输出就对应一个最小项，而任何一个逻辑函数都可写成最小项之和的形式。因此，用译码器和门电路可以实现组合逻辑函数。

例 6 试用 3-8 线译码器 74LS138 实现逻辑函数 $F(A,B,C) = BC + \overline{A}\,\overline{B}\,C$。

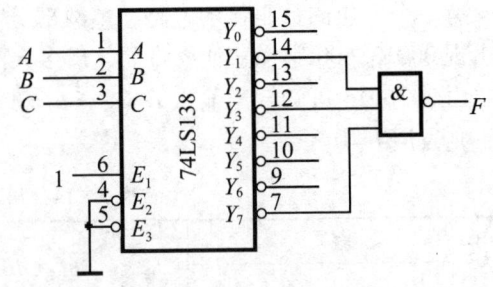

图 3-24 例 6 的电路

解： 把逻辑函数化为最小项之和的形式为：

$$F(A,B,C) = BC + \overline{A}\,\overline{B}\,C = ABC + \overline{A}BC + \overline{A}\,\overline{B}\,C = m_1 + m_3 + m_7$$

我们已知 74LS138 的输出表达式为：$\overline{Y_i} = \overline{m_i}$ $(i=0 \sim 7)$

综上，由摩根定理得：

$$F(A,B,C) = \overline{\overline{ABC} \cdot \overline{\overline{A}BC} \cdot \overline{\overline{A}\,\overline{B}\,C}} = \overline{\overline{Y_1} \cdot \overline{Y_3} \cdot \overline{Y_7}}$$

可见，只要变量 A、B、C 分别接 74LS138 译码器的输入端 A、B、C，再附加一个与非门，即可得 F 的逻辑电路。电路接法如图 3-24 所示。

3.3.5 数据选择器及数据分配器

一、数据选择器

数据选择器也叫多路开关。具有从多路数据传送中根据需要将其中一路数据选出来传送到输出端的功能。其示意图如图 3-25 所示。

常用的数据选择器有 74LS150（16 选 1）、74LS151（8 选 1）、74LS153（双 4 选 1）。

74LS151 的逻辑符号和引脚排列图如图 3-26 所示，逻辑功能如表 3-15 所示。

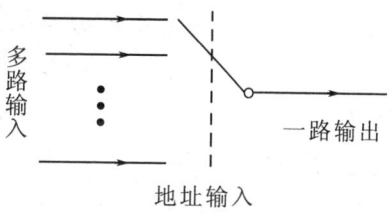

图 3-25 数据选择器示意图

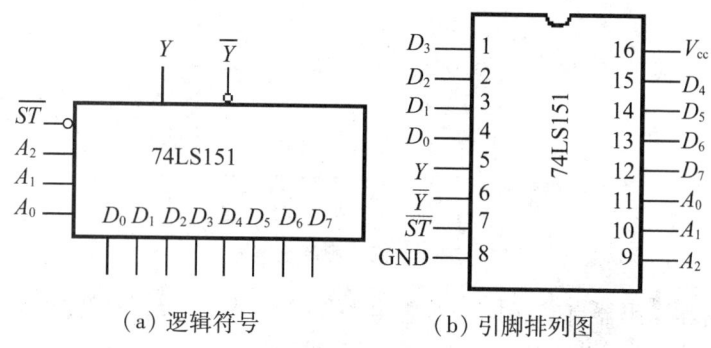

(a) 逻辑符号　　(b) 引脚排列图

图 3-26 数据选择器 74LS151

表 3-15　74LS151 数据选择器的功能表

型号	输入					输出	
	D	A_2	A_1	A_0	$\overline{ST}$	Y	$\overline{Y}$
	×	×	×	×	1	0	1
	D_0	0	0	0	0	D_0	$\overline{D_0}$
	D_1	0	0	1	0	D_1	$\overline{D_1}$
74151	D_2	0	1	0	0	D_2	$\overline{D_2}$
74S151	D_3	0	1	1	0	D_3	$\overline{D_3}$
74LS151	D_4	1	0	0	0	D_4	$\overline{D_4}$
	D_5	1	0	1	0	D_5	$\overline{D_5}$
	D_6	1	1	0	0	D_6	$\overline{D_6}$
	D_7	1	0	1	0	D_7	$\overline{D_7}$

74LS151 有 8 个数据输入端（$D_0 \sim D_7$），2 个互补数据输出端（Y 和 $\overline{Y}$），3 个数据选择端（A_2、A_1、A_0）以及选通信号 $\overline{ST}$。当 $\overline{ST}=0$ 时，通过 A_2、A_1、A_0 的不同组合，选择不同的通道。

如果用逻辑函数式表示 74LS151 的逻辑功能，则有：

$$F(A, B, C) = \overline{A_2}\,\overline{A_1}\,\overline{A_0}\,D_0 + \overline{A_2}\,\overline{A_1}\,A_0 D_1 + \overline{A_2}\,A_1\,\overline{A_0}\,D_2 + \overline{A_2}\,A_1 A_0 D_3 + A_2\,\overline{A_1}\,\overline{A_0}\,D_4 + A_2\,\overline{A_1}\,A_0 D_5 + A_2 A_1\,\overline{A_0}\,D_6 + A_2 A_1 A_0 D_7$$

$$= m_0 D_0 + m_1 D_1 + m_2 D_2 + m_3 D_3 + m_4 D_4 + m_5 D_5 + m_6 D_6 + m_7 D_7$$

二、数据分配器

根据地址信号的要求，将一路数据分配到指定输出通路上去的电路，称为数据分配器。数据分配器是数据选择器的逆过程。

能够将 1 个数据，根据需要传送到 m 个输出端的任何一个输出端的电路，叫做数据分配器，其逻辑功能正好与数据选择器相反。其示意图如图 3-27 所示。

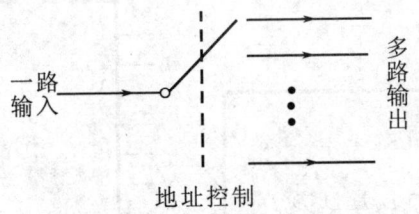

图 3-27 数据分配器示意图

数据分配器和译码器有着相同的基本电路结构形式——由与门组成。通常用译码器作数据分配器。例如，74LS139 是集成 2-4 线译码器，也是集成 1-4 路数据分配器，74LS138 是集成 3-8 线译码器，也是集成 1-8 路数据分配器。图 3-26 所示是用 74LS138 译码器作为 8 路数据分配器的逻辑电路图。

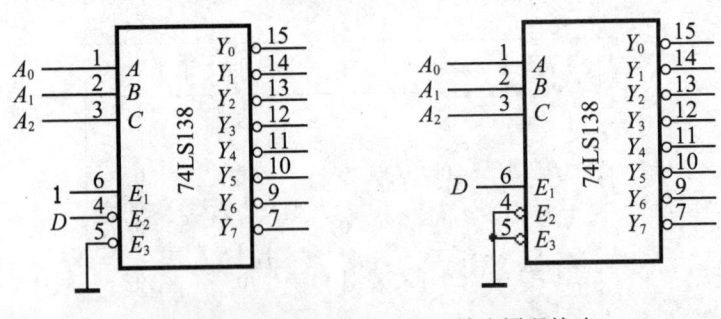

（a）输出源码接法　　（b）输出译码接法

图 3-28　74LS138 译码器作为 8 路数据分配器的逻辑电路图

3.4 组合逻辑电路中的竞争-冒险现象

3.4.1 竞争-冒险现象及其产生原因

在组合逻辑电路中，如果某个信号通过两条以上途径到达同一逻辑门，由于每条路径的传输延迟时间不同，到达逻辑门的时间有先有后，这种现象称为竞争。竞争发生在输入信号逻辑电平发生变化瞬间（A 从 1 变成 0 的时刻和 B 从 0 变成 1 的时刻）。图 3-29 所示电路中，A、B 是具有竞争能力的变量。

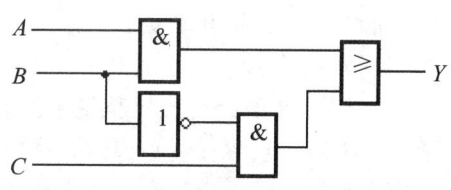

图 3-29 具有竞争现象的逻辑电路

所谓冒险现象是指逻辑门因输入端的竞争导致输出可能产生尖峰干扰脉冲的现象。这种尖峰脉冲将可能使负载电路发生错误动作。故在电路设计时应采取措施加以避免。

3.4.2 消除竞争-冒险现象的方法

一、接入滤波电容

由于竞争-冒险产生的尖峰脉冲一般是在几十纳秒以内，所以只要在输出端与地之间并接一个几百皮法的电容，就可把尖峰窄脉冲滤去。

二、修改设计方案

以图 3-30 所示电路为例，由图得到输出的逻辑函数式为 $Y = AB + \overline{A}C$。

根据逻辑代数的基本公式可知，对上式增加冗余项后得 $Y = AB + \overline{A}C + BC$。

这样，在 $B = C = 1$ 时，无论 A 如何变化，输出始终不再会引起竞争-冒险现象。增加冗余项后的电路如图 3-30 所示。

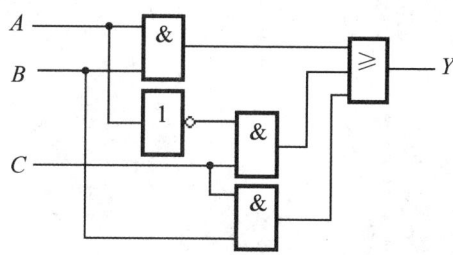

图 3-30 用冗余项消除竞争-冒险现象

本章小结

  组合逻辑电路是由各种门电路组成的没有记忆功能的电路。它在逻辑功能上的特点是任一时刻的输出信号只取决于该时刻的输入信号，而与电路原来的状态无关。

  组合逻辑电路的分析方法是根据给定的逻辑电路逐级写出输出逻辑表达式，然后进行必要的化简，在获取最简逻辑函数后，进行功能判别。如果有困难时，则可列出该函数的真值表，再确定组合逻辑电路的功能。

  组合逻辑电路的设计方法是根据设计要求设定输入变量和输出函数，列出反映设计要求的真值表，再根据真值表写出输出逻辑函数式，用卡诺图或代数法进行化简，并变换成所要求的形式，最后画出最简的逻辑电路。

  本章讨论的编码器、译码器、数据选择器、数据分配器、加法器以及数值比较器是常用的中规模集成逻辑部件。为增加使用的灵活性和便于扩展功能，在多数中规模集成的组合逻辑电路上都设置了使能端（或称控制端、选通端），这些控制端既可控制电路的工作状态，又可作为输出信号的选项，还可作为信号的输入端来使用。

  编码器是将输入的电平信号编成二进制代码；译码器的功能与编码器正好相反，它是将输入的二进制代码译成相应的电平信号。译码器可驱动显示器、用作数据分配器、在存储系统中进行地址选择、实现逻辑函数等。

  数据选择器是在地址码的控制下，在同一时间内从多路输入信号中选择相应的一路信号输出，因此，数据选择器为多输入单输出的组合逻辑电路，在输入数据都为 1 时，它的输出表达式为地址变量的全部最小项之和，它很适合用于实现单输出组合逻辑函数。

  用中规模集成逻辑部件芯片设计组合逻辑电路已经越来越普遍。通常用数据选择器设计多输入变量单输出变量的逻辑函数；用二进制译码器设计多输入变量多输出变量的逻辑函数。其基本设计方法是：根据逻辑函数的变量数选择合适的 MSI 芯片，同时将要实现的逻辑函数变换成与所选用 MSI 芯片输出函数相似的形式，再对两个逻辑函数式进行对照比较，确定连接关系。对于数据选择器，则主要确定输入变量（地址码、数据）的连接关系；对于译码器则主要确定输出和门电路的连接关系。最后根据所得结果连接电路。

  组合逻辑电路存在竞争-冒险现象，在电路的输出端将会出现尖峰干扰脉冲，这可能会引起负载电路的错误动作。因此，应采取措施消除竞争-冒险现象。消除冒险现象的方法通常有接滤波电容、修改逻辑设计等。

实训项目一 编码器、译码器功能测试

一、实训目的
（1）了解编码器、译码器的逻辑功能。
（2）熟悉优先编码器 74LS148、译码器 74LS138 各引脚功能及其应用。
（3）进一步掌握数字逻辑关系的检测方法。
（4）初步了解七段码显示模块及其驱动集成电路的使用。

二、实训设备与器件
（1）多媒体课室。安装了 Proteus ISIS 或其他仿真软件。
（2）万用表 1 台，直流电源 1 台，元器件 1 批（视电路图定），"面包板" 1 块等设备器材。

三、实训内容与步骤
编码器、译码器的逻辑功能测试，为配合课堂教学内容，在多媒体课室随堂进行，帮助学生理解编码器、译码器的逻辑功能。

1. 编码器逻辑功能测试

74LS148 编码器功能测试仿真实验电路如图 1 所示。

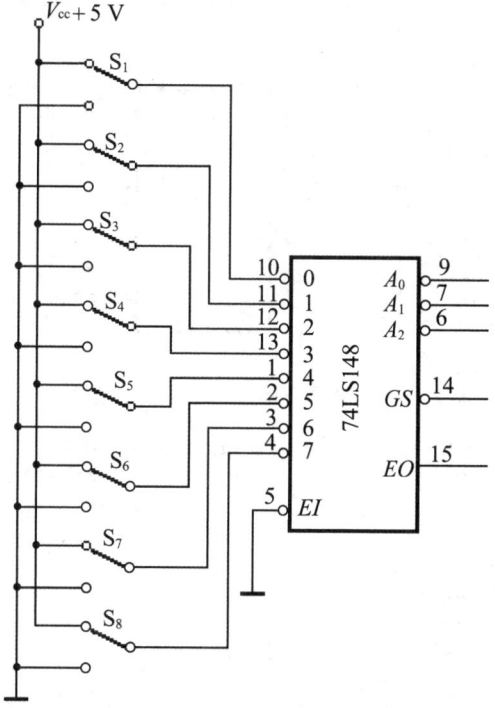

图 1　74LS148编码器逻辑功能测试电路

（1）运行 Proteus ISIS 或其他 EDA 软件，在 ISIS 主窗口编辑图 1 电路原理图。

（2）启动仿真，置开关 $S_1 \sim S_8$ 不同组合状态，观察 74LS148 的输出端 A_0、A_1、A_2 逻辑电平变化情况，其结果如表 1 所示。

2. 译码器逻辑功能测试

74LS138 译码器功能测试仿真实验电路接线图如图 2 所示。

（1）运行 Proteus ISIS 或其他 EDA 软件，在 ISIS 主窗口编辑图 2 电路原理图。

（2）启动仿真，置开关 S_1、S_2、S_3 不同组合状态，观察 74LS138 输出端 $Y_0 \sim Y_7$ 的逻辑电平变化情况，其结果如表 2 所示。

表 1　74LS148 编码器逻辑功能测试记录表

输 入								输 出				
0	1	2	3	4	5	6	7	$\overline{A_2}$	$\overline{A_1}$	$\overline{A_0}$	$\overline{GS}$	EO
×	×	×	×	×	×	×	0	0	0	0	0	1
×	×	×	×	×	×	0	1	0	0	1	0	1
×	×	×	×	×	0	1	1	0	1	0	0	1
×	×	×	×	0	1	1	1	0	1	1	0	1
×	×	×	0	1	1	1	1	1	0	0	0	1
×	×	0	1	1	1	1	1	1	0	1	0	1
×	0	1	1	1	1	1	1	1	1	0	0	1
0	1	1	1	1	1	1	1	1	1	1	0	1

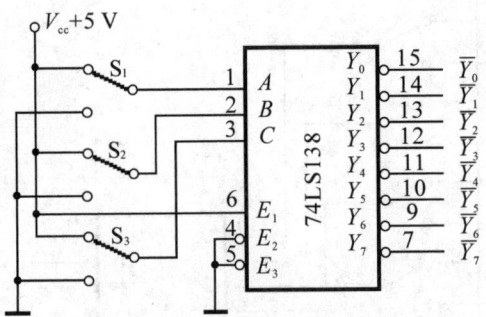

图 2　74LS138 译码器逻辑功能测试电路

表 2　74LS138 译码器逻辑功能测试记录表

输 入			输 出							
C	B	A	$\overline{Y_0}$	$\overline{Y_1}$	$\overline{Y_2}$	$\overline{Y_3}$	$\overline{Y_4}$	$\overline{Y_5}$	$\overline{Y_6}$	$\overline{Y_7}$
0	0	0	0	1	1	1	1	1	1	1
0	0	1	1	0	1	1	1	1	1	1
0	1	0	1	1	0	1	1	1	1	1

续上表

输入			输出							
C	B	A	$\overline{Y_0}$	$\overline{Y_1}$	$\overline{Y_2}$	$\overline{Y_3}$	$\overline{Y_4}$	$\overline{Y_5}$	$\overline{Y_6}$	$\overline{Y_7}$
0	1	1	1	1	1	0	1	1	1	1
1	0	0	1	1	1	1	0	1	1	1
1	0	1	1	1	1	1	1	0	1	1
1	1	0	1	1	1	1	1	1	0	1
1	1	1	1	1	1	1	1	1	1	0

3. 字符显示译码器逻辑功能测试

字符显示译码器功能测试仿真实验电路接线图如图3所示。

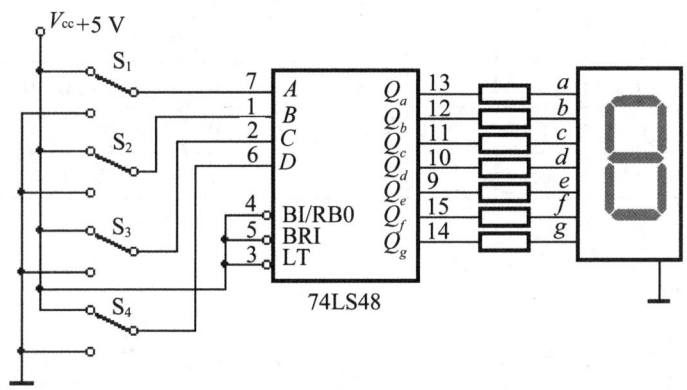

图3 74LS48字符显示译码器逻辑功能测试电路

（1）运行 Proteus ISIS 或其他 EDA 软件，在 ISIS 主窗口编辑图3电路原理图（带数码显示）。

（2）启动仿真，置开关 S_1、S_2、S_3、S_4 不同组合状态，观察74LS48输出端 $Q_a \sim Q_g$ 的逻辑电平变化情况，将其结果填入表3中。

表3 74LS48 字符显示译码器逻辑功能测试记录表

$\overline{LT}$	$\overline{RBI}$	$\overline{BI/RBO}$	A	B	C	D	Q_a	Q_b	Q_c	Q_d	Q_e	Q_f	Q_g	显示字符
1	1	1	0	0	0	0	1	1	1	1	1	1	0	
1	×	1	0	0	0	1	0	1	1	0	0	0	0	
1	×	1	0	0	1	0	1	1	0	1	1	0	1	
1	×	1	0	0	1	1	1	1	1	1	0	0	1	
1	×	1	0	1	0	0	0	1	1	0	0	1	1	
1	×	1	0	1	0	1	1	0	1	1	0	1	1	
1	×	1	0	1	1	0	0	0	1	1	1	1	1	

续上表

$\overline{LT}$	$\overline{RBI}$	$\overline{BI}/\overline{RBO}$	A	B	C	D	Q_a Q_b Q_c Q_d Q_e Q_f Q_g	显示字符
1	×	1	0	1	1	1	1 1 1 0 0 0 0	
1	×	1	1	0	0	0	1 1 1 1 1 1 1	
1	×	1	1	0	0	1	1 1 1 0 0 1 1	
1	×	1	1	0	1	0	0 0 0 1 1 0 1	
1	×	1	1	0	1	1	0 0 1 1 0 0 1	
1	×	1	1	1	0	0	0 1 0 0 0 1 1	
1	×	1	1	1	0	1	1 0 0 1 0 1 1	
1	×	1	1	1	1	0	0 0 0 1 1 1 1	
1	×	1	1	1	1	1	0 0 0 0 0 0 0	
×	×	0	×	×	×	×	0 0 0 0 0 0 0	
1	0	0	0	0	0	0	0 0 0 0 0 0 0	
0	×	1	×	×	×	×	1 1 1 1 1 1 1	

实训项目二 九级电压判别器电路设计与制作

一、实训目的
（1）了解编码器、译码器、数码管的应用。
（2）掌握 74LS147 的工作特点及其使用。

二、实训设备与器件
多媒体课室。安装了 Proteus ISIS 或其他仿真软件。

仪器设备：万用表 1 台，直流电源 1 台，逻辑笔 1 支。

器件：二 – 十进制编码器 74LS147 1 片、运算放大器 LM324 3 片、非门电路 74LS05 1 片、字符显示译码器 74LS48 1 块，1 kΩ 电阻 9 个、2 kΩ 电阻 8 个、47 kΩ 可变电阻器 1 个、七段数码管 1 个，覆铜板和三氯化铁（或"面包板"）等。

三、实训内容与步骤
实训电路如图 1 所示。电路由电压比较电路、编码器、字符显示译码器和显示电路组成。

电路工作原理：电压比较电路由电阻分压和运算放大器构成，电阻将电源电压分成 $(1/18)V_{cc}$、$(3/18)V_{cc}$、$(5/18)V_{cc}$、$(7/18)V_{cc}$、$(9/18)V_{cc}$、$(11/18)V_{cc}$、$(13/18)V_{cc}$、$(15/18)V_{cc}$、$(17/18)V_{cc}$ 九个值。当输入（通过变阻器获得）电压分别超过 $(1/18)V_{cc}$、$(3/18)V_{cc}$、$(5/18)V_{cc}$、$(7/18)V_{cc}$、$(9/18)V_{cc}$、$(11/18)V_{cc}$、$(13/18)V_{cc}$、$(15/18)V_{cc}$、$(17/18)V_{cc}$ 时，对应的运算放大器输出为高电平，由 74LS147 进行编码输出，经数字译码器 74LS48 译码成七段码显示。

实训步骤：
（1）按照提供的实训电路进行仿真实验。
（2）按照图 1 绘制电路原理图。
（3）安装或在"面包板"上连接电路。
（4）测试。①检查电路元器件安装是否正确；②通电，用万用表测量 $(1/18)V_{cc}$、$(3/18)V_{cc}$、$(5/18)V_{cc}$、$(7/18)V_{cc}$、$(9/18)V_{cc}$、$(11/18)V_{cc}$、$(13/18)V_{cc}$、$(15/18)V_{cc}$、$(17/18)V_{cc}$ 九个点电压是否正常；③调节变阻器，测量 74LS147 输入端 $I_1 \sim I_9$ 的电压值，观察数码显示数值，记录在表 1 中。

表 1　测试记录表

输　入	$I_0 \sim I_9$	$Y_0 \sim Y_3$	显示数字
0			
$(1/8)V_{cc} \sim (3/18)V_{cc}$			
$(3/18)V_{cc} \sim (5/8)V_{cc}$			

续上表

输 入	$I_0 \sim I_9$	$Y_0 \sim Y_3$	显示数字
(5/18) V_{cc} ~ (7/18) V_{cc}			
(7/18) V_{cc} ~ (9/18) V_{cc}			
(9/18) V_{cc} ~ (11/18) V_{cc}			
(11/18) V_{cc} ~ (13/18) V_{cc}			
(13/18) V_{cc} ~ (15/18) V_{cc}			
(15/18) V_{cc} ~ (17/18) V_{cc}			

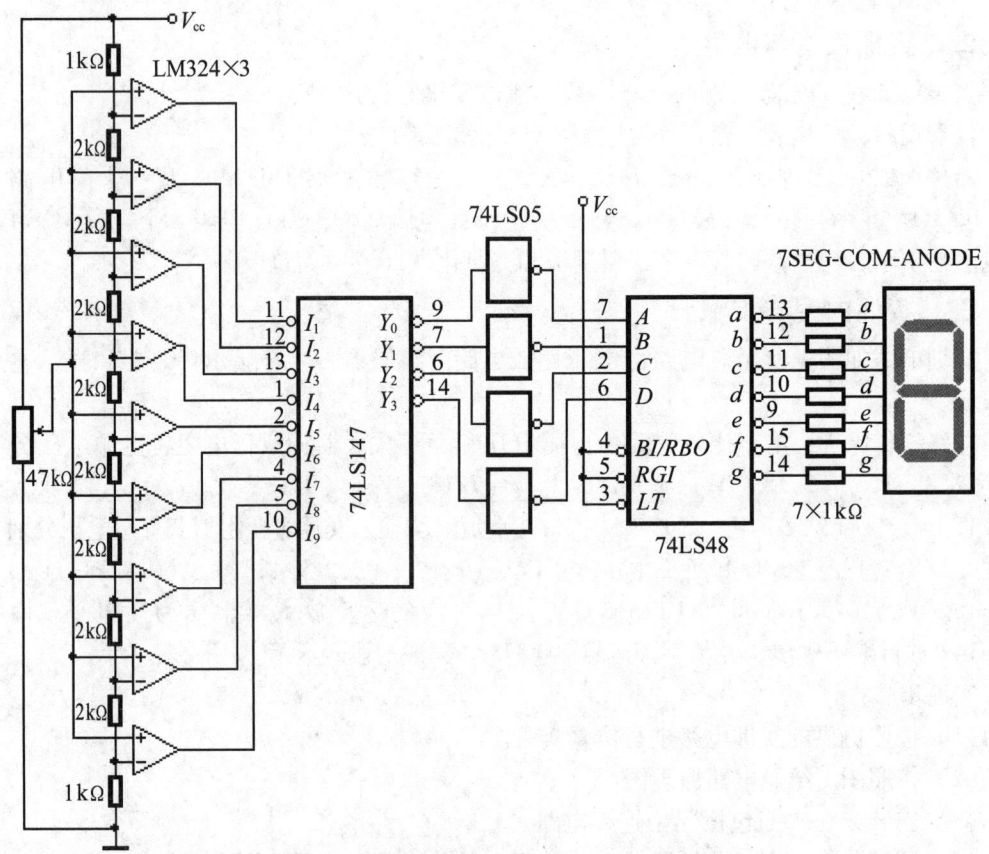

图 1 编/译码及数码显示

四、电路分析，编制实训报告

实训报告内容包括：

（1）实训目的；

（2）实训仪器设备；

（3）电路工作原理；

（4）元器件清单；

（5）主要收获和体会；

（6）对实训课的意见和建议。

实训项目三 三人表决器的逻辑电路设计与制作

一、实训目的

（1）进一步熟悉组合逻辑电路的分析与应用，熟悉 74LS138 的引脚功能。
（2）掌握译码器的正确使用。
（3）初步接触实用型电路的设计方法。

二、仪器设备

仪器设备：直流电源（+5 V）1 台、逻辑笔 1 支。
器件：3-8 译码器 74LS138 1 片、二-四输入或门 74HC4072 1 片、非门 74LS04 1 片、四-二输入与门 74LS08 1 片、四-二输入或门 74LS32 1 片、470 Ω 电阻 5 个、按钮开关 4 个、指示灯 1 个。

三、实训步骤

设计制作步骤：

（1）电路结构框图如图 1 所示。

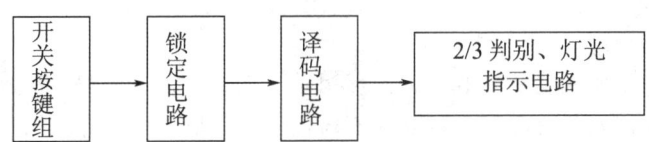

图 1 三人表决器电路结构框图

（2）功能表。

按照 3 人中 2 人认可（按下按钮开关）即为通过的原则，以"0"表示按钮开关没有被按下和结果不通过，用"1"表示按钮开关被按下和结果通过，列出开关状态与结果的功能表如表 1 所示。

表 1 功能表

A	B	C	结	果
0	0	0	0	不通过
0	0	1	0	不通过
0	1	0	0	不通过
0	1	1	1	通过
1	0	0	0	不通过
1	0	1	1	通过
1	1	0	1	通过
1	1	1	1	通过

（3）电路设计。

按功能要求，设计三人表决器电路如图2所示。

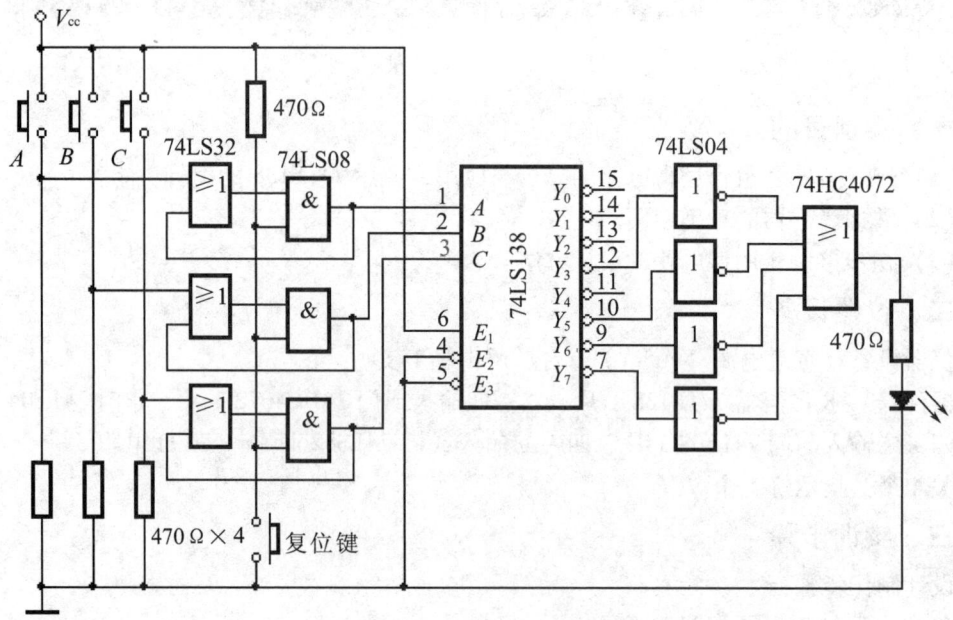

图2　三人表决器电路原理图

（4）电路工作原理。

当有按钮开关（如开关A）被按下，通过或门和与非门电路锁定、输出高电平信号，送入译码器74LS138输入端（开关A对应译码器①脚为"1"），当且仅当译码器输入脚①、②、③脚中有两个或三个输入为"1"时，输出指示灯点亮，表决通过。否则，指示灯不亮，表决不通过。

（5）验证和小结。

①虚拟仿真验证。

用Proteus ISIS对设计的三人表决电路对照表1进行仿真实验验证。

②制作与调试。根据电路图，绘制并制作PCB，安装电路板；通电测试，开关A、B、C中，有任意两个开关被按下，则输出指示灯点亮，否则，输出指示灯不亮。

（6）扩展训练。

设计多人（四人以上，具体由读者自行确定）表决器电路。基本原则是多数认可为通过，如：四人表决器电路，三人认可则为通过。请读者自行练习。

习 题

3.1　简述组合逻辑电路的分析方法和步骤。
3.2　简述组合逻辑电路的设计方法。
3.3　常用的组合逻辑电路有哪些？
3.4　分析习题3.4图（a）电路的逻辑功能，写出输出的逻辑函数表达式，列出真值表。若输入信号波形如图（b）所示，试画出输出波形。

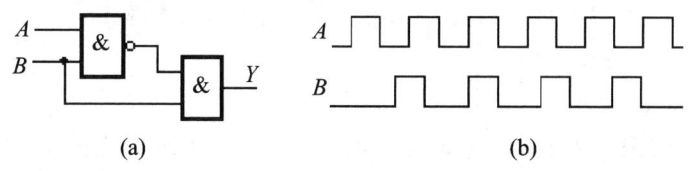

习题 3.4 图

3.5　分析习题3.5图所示电路的逻辑功能，写出输出逻辑函数表达式，列出真值表，说明电路逻辑的特点。

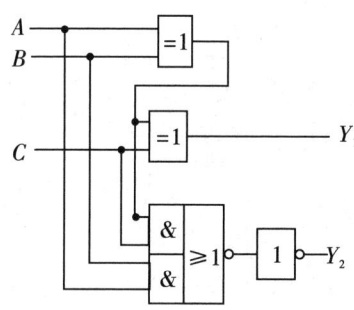

习题 3.5 图

3.6　分析习题3.6图所示电路的逻辑功能，写出输出逻辑函数表达式，列出真值表，说明电路逻辑的特点。

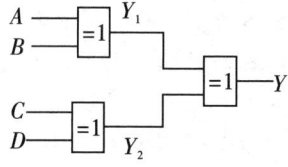

习题 3.6 图

3.7　试设计1个三变量判奇电路（3个输入变量中，1的个数为奇数个时，输出为高电平，否则为低电平）。

3.8　试用与非门设计1个四变量多数表决电路，当输入变量A、B、C、D有3个或3个以上为1时输出$Y=1$，输入为其他状态时$Y=0$。

3.9　试用与非门设计1个三变量一致电路（当3个输入变量的取值全部相同时输

出为1，否则输出为0）。

3.10 画出用4选1数据选择器实现函数 $Y = A_0 \overline{A_1} A_2 + \overline{A_0} A_1 A_2$ 的逻辑电路图。

3.11 写出4选1数据选择器的数据输出 Y 与数据输入 X_i、地址码 A_i 之间的逻辑表达式。

3.12 画出用3-8线译码器74LS138和辅助门电路实现下列逻辑函数的电路图。

(1) $Y = C + C\overline{B} + A$；

(2) $Y = A\overline{B} + ABC$；

(3) $Y = A + \overline{B} + C$。

3.13 用数据选择器和辅助门电路实现下列逻辑函数的电路图。

(1) $Y = A_2 + \overline{A_2} \overline{A_1}$；

(2) $Y = \overline{A} B + ABC$。

3.14 在习题3.14图所示的电路中，74LS138是3-8线译码器。试写出输出 Y 的逻辑函数式。

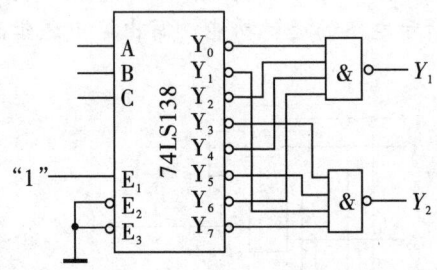

习题3.14图

3.15 试用3-8线译码器74LS138设计一个多输出的组合逻辑电路。输出的逻辑函数为：

(1) $Y_1 = A\overline{C} + \overline{A}BC + A\overline{B}C$；

(2) $Y_2 = \overline{A}B + A\overline{B}C$；

(3) $Y_3 = \overline{A} B \overline{C} + A\overline{B}C + ABC$。

3.16 判断题（正确的在括号内打√，错误的在括号内打×）。

(1) 组合逻辑电路任意时刻的稳态输出，与输入信号作用前电路原来状态有关。

（　　）

(2) 编码器能将特定的输入信号变为二进制代码；而译码器能将二进制代码变为特定含义的输出信号，所以编码器与译码器使用是可逆的。（　　）

(3) 用4选1数据选择器不能实现3变量的逻辑函数。（　　）

(4) 一个8选1数据选择器的数据输入端有8个。（　　）

(5) 组合逻辑电路消除竞争-冒险的方法之一是修改逻辑设计（　　）

第四章 触发器

先前通过由 D 触发器构成的抢答器实训项目，我们已了解到触发器具有记忆功能，本章接着介绍基本 RS 触发器、D 触发器、JK 触发器、T 触发器的逻辑功能特点，同时给出了用 Proteus 仿真测试 D 触发器、JK 触发器功能的实训项目。此外还将讲述不同功能触发器之间的相互转换方法，并以集成 JK 触发器构成二分频电路为实例说明触发器的应用。

4.1 概述

在各种功能复杂的数字电路中，不但需要对二进制信号进行运算，还经常需要将这些信号和运算结果保存起来。我们把能够存储 1 位二倍信号的基本单元电路称为触发器。

触发器是具有记忆功能的逻辑元件，是时序逻辑电路的基本单元。

一、触发器的基本特点

所有触发器都具备 3 个基本特点：

（1）具有两个能自行保持的稳定状态，即 1 状态和 0 状态。

（2）在外加触发信号的作用下，根据不同的输入信号触发器可以置成 1 状态或 0 状态。

（3）在触发信号消失后，能将获得的新状态保存下来。

二、触发器的现态和次态

触发器接收输入信号之前的状态叫做现态（或叫原态），用 Q^n 表示。触发器接收输入信号之后的状态叫做次态，用 Q^{n+1} 表示。触发器的次态输出 Q^{n+1} 与现态 Q^n 和输入信号之间的逻辑关系，是贯穿本章始终的基本问题。如何获得、描述和理解这种逻辑关系，是本章学习的中心任务。

三、触发器的分类

从电路结构不同，可分为基本触发器、同步触发器、主从触发器、边沿触发器。

从逻辑功能不同，可分为 RS 触发器、D 触发器、JK 触发器、T 触发器和 T′ 触发器。

4.2　RS 触发器

4.2.1　基本 RS 触发器

基本 RS 触发器是各类触发器中最简单的一种,是构成其他触发器的基本单元。电路结构既可由与非门组成,也可由或非门组成,这里仅讨论由与非门组成的基本 RS 触发器。

一、电路结构及图形符号

由两个与非门构成的基本 RS 触发器如图 4-1 所示。它有两个输入端 $\bar{R}$ 和 $\bar{S}$,两个互补输出端 Q 和 $\bar{Q}$。当 $Q=1$,$\bar{Q}=0$ 时,称触发器处于 1 状态;当 $Q=0$,$\bar{Q}=1$ 时,称触发器处于 0 状态。

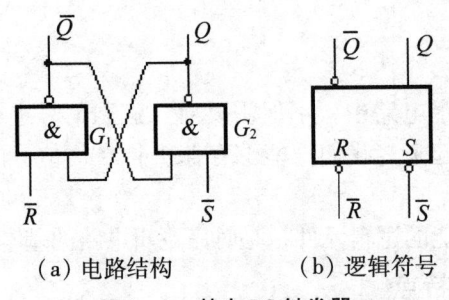

(a) 电路结构　　　　(b) 逻辑符号

图 4-1　基本 RS 触发器

在图 4-1(b) 所示的图形符号上,输入端的小圆圈符号表示用低电平作输入信号,或者称低电平有效。

二、逻辑功能分析

当 $\bar{R}=\bar{S}=0$ 时,$Q=\bar{Q}=1$。

这既不是定义的 1 状态,也不是定义的 0 状态。此状态称为不定状态,要避免不定状态。因此,在正常工作时对输入信号有约束条件: $\bar{R}+\bar{S}=1$。

当 $\bar{R}=0$,$\bar{S}=1$ 时,不管触发器的原态是 0 还是 1,由于 $\bar{R}=0$,则 G_1 门的输出为 1,G_2 门的输入全为 1,则输出为 0,触发器置 0。

当 $\bar{R}=1$,$\bar{S}=0$ 时,由于 $\bar{S}=0$,则 G_2 门输出 $Q=1$,G_1 门的输入全为 1,则输出为 0,触发器置 1。

当 $\bar{R}=\bar{S}=1$ 时,基本 RS 触发器无信号输入,触发器保持原来的状态不变。

根据以上分析,可以得到基本 RS 触发器的状态转换真值表,如表 4-1 所示。

第四章 触发器

表 4-1　基本 RS 触发器的状态转换真值表

Q^n	$\overline{R}$	$\overline{S}$	Q^{n+1}	说　明
×	0	1	0	不管 Q^n 状态如何，触发器置 0
×	1	0	1	不管 Q^n 状态如何，触发器置 1
×	0	0	1	$\overline{R}$、$\overline{S}$ 的"0"状态同时消失后，触发器状态不定
1 0	1	1	1 0	触发器状态保持不变，即 $Q^{n+1}=Q^n$

三、逻辑功能描述

1. 状态转换真值表

状态转换真值表是反映触发器次态 Q^{n+1} 与现态 Q^n 和输入 R、S 之间对应取值关系的表格（亦称为特性表）。基本 RS 触发器的状态转换真值表如表 4-1 所示。

2. 特性方程

特性方程是描述基本 RS 触发器次态输出 Q^{n+1} 与现态 Q^n 和输入 R、S 之间的函数关系的逻辑表达式。

由表 4-1 可画出基本 RS 触发器的次态卡诺图如图 4-2 所示。

由图 4-2 化简可得基本 RS 触发器特性方程为：

$$Q^{n+1} = S + \overline{R}\,Q^n$$

$$RS = 0 \text{（约束条件）}$$

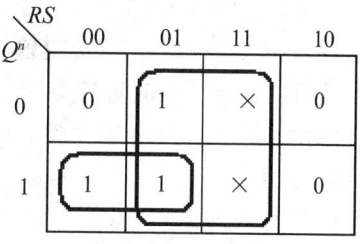

图 4-2　基本 RS 触发器 Q^{n+1} 的卡诺图

四、基本 RS 触发器的主要特点

1. 优点

（1）电路结构简单，是构成各种触发器的基础。

（2）具有置 0、置 1 和保持功能。

2. 存在问题

（1）输出受输入信号直接控制，不能定时控制，这不仅给触发器的使用带来不便，而且导致电路抗干扰能力下降。

（2）R、S 之间有约束条件。

4.2.2　同步 RS 触发器

同步 RS 触发器的电路结构是在基本 RS 触发器基础上增加了一级门控电路和一个时钟脉冲 CP，通过 CP 信号，不但可以控制输入 R、S 的接收，还可以实现数字系统中多个触发器同步、协调地工作。

同步 RS 触发器的电路结构及逻辑符号如图 4-3 所示，其特性表如表 4-2 所示，特性方程为：

$$Q^{n+1} = S + \bar{R}Q^n \quad (CP=1 \text{ 期间有效})$$
$$RS = 0 \text{（约束条件）}$$

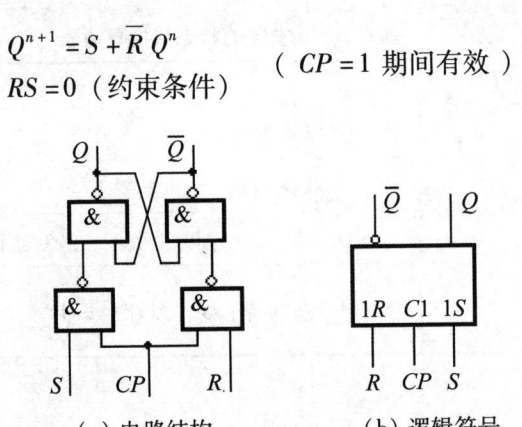

(a) 电路结构　　(b) 逻辑符号

图 4-3　同步 RS 触发器

同步 RS 触发器的主要特点：

(1) 时钟电平控制。

在 $CP=1$ 期间触发器接收输入信号，$CP=0$ 时触发器保持状态不变，多个这样的触发器可以在同一个时钟控制下同步工作。这不但给用户的使用带来方便，而且由于这种触发器只在 $CP=1$ 时工作，$CP=0$ 时被禁止，所以它的抗干扰能力比基本 RS 触发器要强得多。

(2) 存在约束问题。

R、S 之间存在约束，不允许出现 R 和 S 同时为 1 的情况，否则会使触发器处于不确定的状态。

表 4-2　同步 RS 触发器特性表

R	S	Q^n	Q^{n+1}	说　明
0	0	0	0	保持
0	0	1	1	
0	1	0	1	置 1
0	1	1	1	
1	0	0	0	置 0
1	0	1	0	
1	1	0	×	不定
1	1	1	×	

4.3 D 触发器

4.3.1 同步 D 触发器

一、电路组成

R、S 之间有约束限制了同步 RS 触发器的使用，为了解决这个问题，便设计出了同步 D 触发器。图 4-4 所示是同步 D 触发器的电路结构图及逻辑符号。注意观察可以发现，它是在同步 RS 触发器的基础上增加了一个反相器，通过它把加在 S 端的 D 信号反相之后送去 R 端，因此，D 触发器只有一个输入端 D。

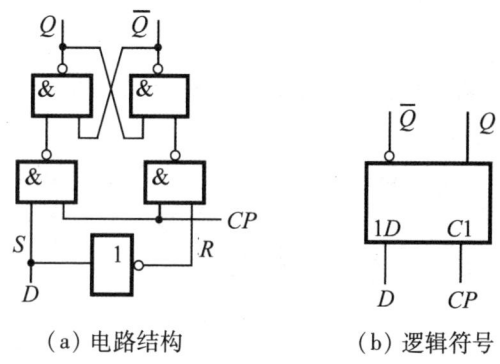

图 4-4 同步 D 触发器

二、特性方程

D 触发器的特性方程为：

$$Q^{n+1} = D \quad (CP = 1 \text{ 期间有效})$$

三、主要特点

同步 D 触发器由时钟电平控制，无约束问题，但在同一个 CP 脉冲作用期间（即 $CP = 1$ 期间），若输入端 D 状态发生变化，会引起输出端状态随之发生变化，出现空翻现象，即在 1 个 CP 期间，可能会引起触发器多次翻转，这就降低了触发器的抗干扰能力。

4.3.2 边沿 D 触发器

为了提高触发器工作的可靠性，使其状态在每个 CP 脉冲周期里输出端的状态只能变化一次，又设计出了边沿触发器。边沿触发器只在 CP 脉冲的上升沿或下降沿接收输入信号，电路状态才可能发生变化，从而提高了触发器工作的可靠性和抗干扰能力，且不会出现空翻现象。这里主要以集成边沿 D 触发器为例，说明这类电路的特点。

一、逻辑符号

图 4-5 所示是边沿 D 触发器的逻辑符号。表 4-3 所示为 CMOS 集成边沿 D 触发器特性表。

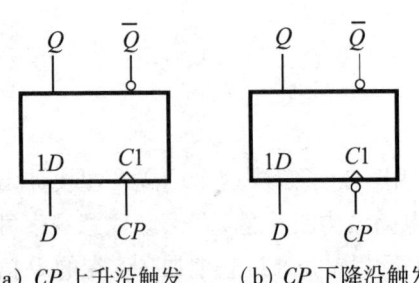

(a) CP 上升沿触发　　(b) CP 下降沿触发

图 4-5　边沿 D 触发器

表 4-3　集成边沿 D 触发器特性表

CP	D	Q^{n+1}
↑	0	0
↑	1	1

二、主要特点

(1) CP 边沿触发。只在 CP 上升沿（或下降沿）到来时刻，触发器才按照特性方程 $Q^{n+1}=D$ 的规定转换状态。

(2) 抗干扰能力很强。由于是边沿触发，只有在触发沿附近的极短的时间内，加在 D 端的输入信号保持不变，才能够让触发器可靠地接收，在其他时间里输入信号对触发器不会起作用，从而提高电路的工作可靠性。

(3) 具有置 1、置 0 功能。

4.4　边沿 JK 触发器

D 触发器只有置 1、置 0 功能，在某些情况下，使用起来不如 JK 触发器方便，因为 JK 触发器具有置 0、置 1、保持、翻转四种功能。

下面仅以 TTL 边沿 JK 触发器 74LS112 为例，说明 JK 触发器的特点。

一、逻辑符号

图 4-6 是边沿 JK 触发器的逻辑符号。

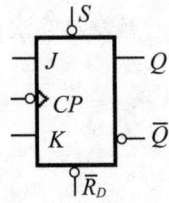

图 4-6　边沿 JK 触发器 74LS112 的逻辑符号

二、特性表

集成边沿 JK 触发器 74LS112 的特性表如表 4-4 所示。

表 4-4 74LS112 的特性表

J	K	Q^n	$\overline{R_D}$	$\overline{S_D}$	CP	Q^{n+1}	说 明
0	0	0	1	1	↓	0	}保持
0	0	1	1	1	↓	1	
0	1	0	1	1	↓	0	}置0
0	1	1	1	1	↓	0	
1	0	0	1	1	↓	1	}置1
1	0	1	1	1	↓	1	
1	1	0	1	1	↓	1	}翻转
1	1	1	1	1	↓	0	
×	×	0	1	1	↑	0	}不变
×	×	1	1	1	↑	1	
×	×	×	0	1	×	0	异步置0
×	×	×	1	0	×	1	异步置1
×	×	×	0	0	×	不用	不允许

三、特性方程

由表 4-4 通过卡诺图化简可得 JK 触发器的特性方程如下：

$$Q^{n+1} = J\overline{Q^n} + \overline{K}Q^n \text{（CP 下降沿到来时有效）}$$

四、主要特点

（1）时钟脉冲边沿控制。

（2）抗干扰能力很强，工作速度快。

（3）功能齐全，使用灵活方便。在 CP 脉冲的边沿触发下，根据 JK 取值的不同，边沿 JK 触发器具有置0、置1、保持、翻转四种功能，对于触发器而言，它是一种全功能型的电路。

4.5 T 触发器

在中、大规模集成电路里，有一种叫 T 触发器的电路，将 JK 触发器的输入端 J、K 连在一起作为 T 端，就成为 T 触发器。其特性方程为：

$$Q^{n+1} = J\overline{Q^n} + \overline{K}Q^n = T\overline{Q^n} + \overline{T}Q^n = T \oplus Q^n$$

T 触发器的特性表如表 4-5 所示。

表4-5　T触发器的特性表

T	Q^n	Q^{n+1}	说　明
0	0	0	保持
0	1	1	
1	0	1	计数
1	1	0	

从特性表可以看出，T触发器的逻辑功能特点是：当 $T=1$ 时，每来一个时钟信号它的状态就翻转一次；当 $T=0$ 时，时钟信号到达后它的状态保持不变。

T触发器的逻辑符号如图4-7所示。

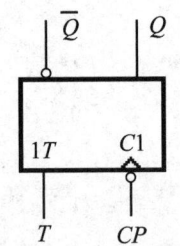

图4-7　T触发器的逻辑符号

4.6　T′触发器

从T触发器的特性表中不难看出，在T触发器中，若令 $T=1$，电路便成为T′触发器。T′触发器的逻辑符号如图4-8所示。

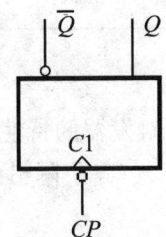

图4-8　T′触发器的逻辑符号

4.7　时钟触发器逻辑功能的相互转换

由于JK触发器和D触发器作为小规模集成触发器已能满足各种情况下对时钟触发器的需要，所以市场上供应较多的是JK触发器和D触发器，实际应用中，可以通过改变外部连接实现各种触发器的逻辑功能的转换（只转换功能而未改变触发方式）。所以，在这里只介绍如何把JK触发器和D触发器进行互相转换，以及把这两种触发器转换成其他类型的触发器。

1. JK触发器转换为D触发器

JK触发器的特性方程为：

$$Q^{n+1} = J\,\overline{Q^n} + \overline{K}\,Q^n \tag{4.7.1}$$

D触发器的特性方程为：

$$Q^{n+1} = D \tag{4.7.2}$$

比较式 (4.7.1)、(4.7.2)，令：

$$\begin{cases} J = D \\ K = \overline{D} \end{cases}$$

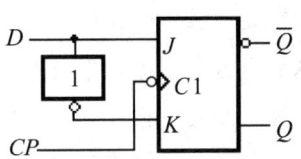

图 4-9 JK 触发器转换成 D 触发器

就实现了转换功能。电路图如图 4-9 所示。

2. D 触发器转换为 JK 触发器

D 触发器的特性方程为：

$$Q^{n+1} = D \tag{4.7.3}$$

JK 触发器的特性方程为：

$$Q^{n+1} = J\overline{Q^n} + \overline{K}Q^n \tag{4.7.4}$$

比较式 (4.7.3)、(4.7.4)，令：

$$D = J\overline{Q^n} + \overline{K}Q^n$$

则两式必相等。

电路图如图 4-10 所示。

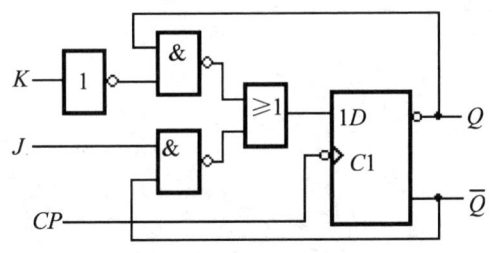

图 4-10 D 触发器转换成 JK 触发器

3. D 触发器转换为 T 触发器

T 触发器的特性方程为：

$$Q^{n+1} = T\overline{Q^n} + \overline{T}Q^n \tag{4.7.5}$$

D 触发器的特性方程为：

$$Q^{n+1} = D \tag{4.7.6}$$

比较式 (4.7.5)、(4.7.6)，若令：

$$D = T\overline{Q^n} + \overline{T}Q^n = T \oplus Q^n$$

则 D 触发器就变成了 T 触发器。电路图如图 4-11 所示。

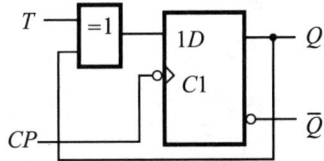

图 4-11 D 触发器转换成 T 触发器

本 章 小 结

触发器是时序逻辑电路的基本单元,它有两个稳定状态,在一定输入条件下,两个状态可以相互转换。

集成触发器依据逻辑功能可分为 RS 触发器、JK 触发器、D 触发器、T 触发器和 T′触发器等。要求熟练掌握它们的逻辑符号、特征方程、特性表、状态转换图和波形图。

基本 RS 触发器属于非时钟控制型触发器,其输出状态直接受输入端状态的影响,抗干扰能力较差,使用时应注意输入端的约束条件。同步 RS 触发器属于时钟电平状态控制型触发器,它克服了直接控制易受干扰的缺点,在各种集成电路中被广泛使用。时钟边沿控制的 D 触发器和 JK 触发器从根本上解决了直接控制和输入信号之间有约束的问题,性能非常优越,在各种数字电路中被普遍使用。

在使用触发器时,必须注意电路的功能及其触发方式。同步触发器属于电平触发,在 $CP=1$ 时触发器状态发生变化,有空翻现象。为克服空翻现象,应使用 CP 脉冲边沿触发的触发器。功能不同的触发器之间可以相互转换。

实训项目一 触发器功能测试

一、实训目的

（1）了解触发器的基本功能和特点。
（2）掌握触发器的应用和电路分析。
（3）建立时序逻辑的概念。

二、实训设备与器件

多媒体课室。安装 Proteus ISIS 或其他仿真软件。或配备万用表 1 台，直流电源 1 台，元器件 1 批（视电路图需求），"面包板" 1 块等设备器材，做电路连接测试。

三、实训内容

触发器功能测试仿真实验：

（1）D 触发器逻辑功能测试。电路如图 1 所示。

①运行 Proteus ISIS 软件或其他虚拟仿真软件，编辑图 1 电路图。

②启动仿真，置开关 S_1 为 1 或 0，按动按钮开关 AN（模拟单脉冲输入），观察集成 D 触发器 74LS74 的输出端 Q 的逻辑电平变化情况，将测试结果填入项目表 1 中。

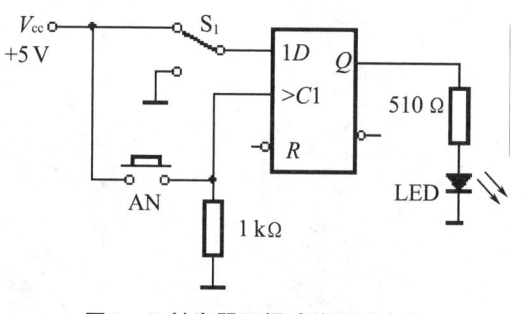

图 1 D 触发器逻辑功能测试电路

表 1 D 触发器逻辑功能测试记录表

D	C1	LED 状态
0	↑	
1	↑	
0	↑	
1	↑	

D 触发器 74LS74 的逻辑功能描述为：_____

_____。

（2）JK 触发器逻辑功能测试。电路如图 2 所示。

①运行 Proteus ISIS 软件或其他虚拟仿真软件，编辑图 2 电路图。

②启动仿真，置开关 S_1、S_2 为不同状态组合，按动按钮开关 AN，观察集成 JK 触发器 74LS73 的输出端 Q 的逻辑电平变化情况，将测试结果填入项目表 2 中。

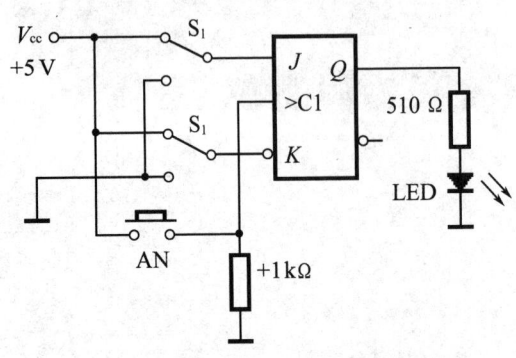

图 2　JK 触发器逻辑功能测试

表 2　JK 触发器逻辑功能测试记录表

J	K	C1	LED 状态
0		↑	
1		↑	
0		↑	
1		↑	

JK 触发器 74LS73 的逻辑功能描述为：_____。

实训项目二 用D触发器改进四路抢答器电路实验与实训

一、实训目的

(1) 通过用触发器改进简易抢答器电路，一方面熟悉D触发器的应用，另一方面初步建立时序电路设计的基本思路。

(2) 熟悉D触发器控制端（R）的功能和作用。

二、实训设备与器件

多媒体课室。安装了 Proteus ISIS 或其他仿真软件。

仪器设备：万用表1台，直流电源1台，逻辑笔1支。

器件：D触发器 74LS74 2片，二–四输入与非门 74LS20 2片，470 Ω 电阻9个，LED 发光二极管4个，按钮开关5个，覆铜板和三氯化铁（或"面包板"）等。

三、实训内容与步骤

实训电路如图1所示，是一个由门电路、D触发器构成的改进型实用抢答器。电路由按键组、自锁电路、互锁电路和显示电路四个部分组成。

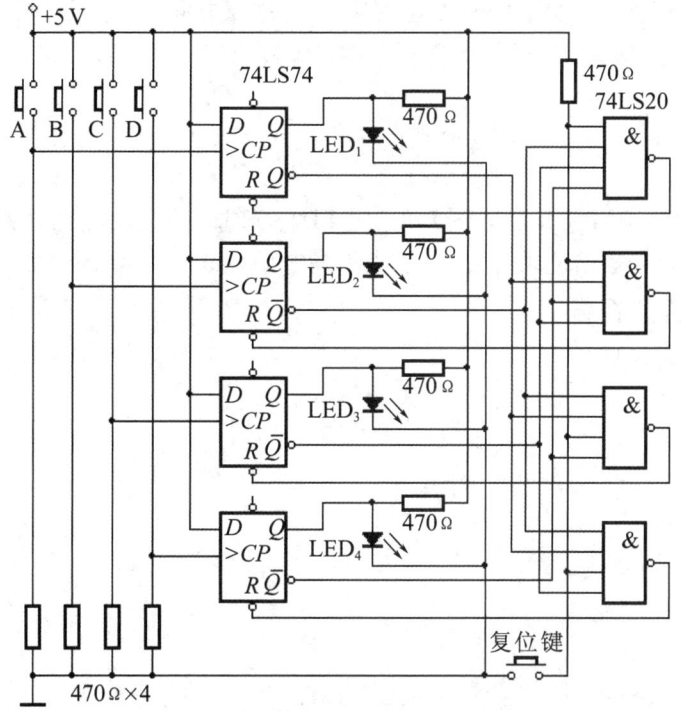

图1 触发器构成的抢答器电路

步骤：

1. 课堂讲解与仿真演示

在多媒体课室仿真演示。

（1）运行 Proteus ISIS 或其他 EDA 软件，编辑电路原理图。

（2）启动仿真。

初始状态，$LED_1 \sim LED_4$ 不亮，当开关 A、B、C、D 任一开关按下（如开关 A 被按），对应的指示灯点亮（LED_1 灯亮），电路被锁定，其他开关再按下无效。按下复位键，电路恢复初始状态。

用"1"表示开关先被按下，用"×"表示开关后被按下或未被按下，$LED_1 \sim LED_4$ 指示灯亮用"1"表示，用"0"表示指示灯不亮。将测试结果填入项目表 1 中。

表 1　图 1 电路测试记录表

开关 A	开关 B	开关 C	开关 D	LED_1	LED_2	LED_3	LED_4
1	×	×	×	1	0	0	0
×	1	×	×	0	1	0	0
×	×	1	×	0	0	1	0
×	×	×	1	0	0	0	1

2. 电路的安装与调试

（1）制作印制电路板。根据图 1 电路，绘制印制电路图，制作出印制电路板（PCB）或用万能板、"面包板"替代。

（2）安装元器件。在自制的 PCB 上安装 IC（注意方向）、电阻、指示灯（注意极性）、按钮开关，焊接完好，或在万能板上连接焊接或在"面包板"上正确插接。

（3）测试与调试。

① 正确接入 +5 V 直流电源，分别按下开关 A、B、C、D，观察指示灯点亮情况。对照表 1 是否一致。

② 用万用表或逻辑笔分别测试 LED_1、LED_2、LED_3、LED_4 点亮时各 IC 输入、输出引脚的电平，自制表格记录，用"1"表示高电平，"0"表示低电平。

四、编制实训报告

实训报告内容包括：

（1）实训目的；

（2）实训仪器和设备；

（3）项目设计功能要求及技术路线；

（4）原理框图；

（5）原理电路图；

（6）电路工作原理；

（7）元器件清单；

（8）主要收获和体会（重点谈改进型与门电路构成的简易抢答器的异同点）；

（9）对实训课的意见与建议。

习 题

4.1 简述触发器的基本功能特点。

4.2 从电路结构上来分,触发器可分为哪几种?从触发器电路逻辑功能上来分,触发器可分为哪几种?

4.3 简述基本 RS 触发器的主要特点。

4.4 画出习题 4.4 图所示 RS 触发器电路的 Q 端波形。设触发器的初始状态 $Q=0$。

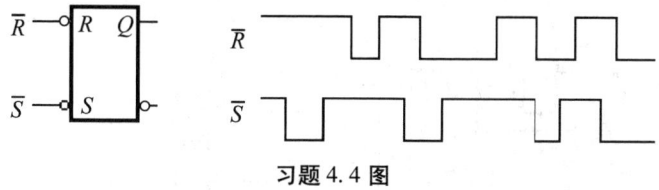

习题 4.4 图

4.5 已知同步 RS 触发器输入时钟、R 端和 S 端控制信号的波形如习题 4.5 图所示,设触发器的初始状态 $Q=1$。画出 Q、$\overline{Q}$ 端的波形。

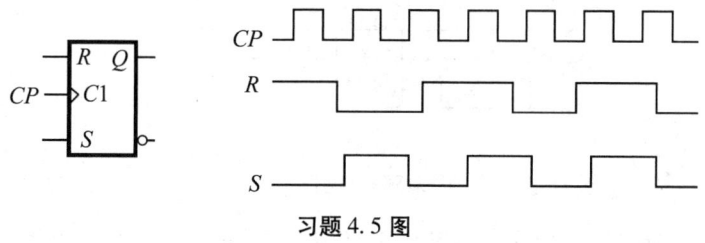

习题 4.5 图

4.6 已知边沿 D 触发器电路的时钟信号和输入端(D)的输入信号波形如习题 4.6 图所示,设触发器的初始状态 $Q=0$。画出 Q、$\overline{Q}$ 端的波形。

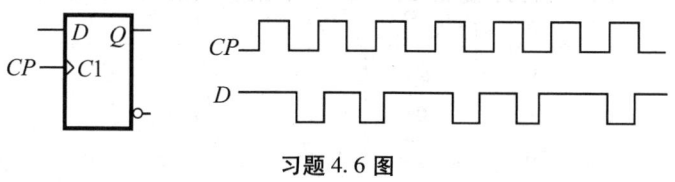

习题 4.6 图

4.7 已知边沿 D 触发器电路的时钟信号和输入端(D)的输入信号波形如习题 4.7 图所示,设触发器的初始状态 $Q=0$。画出 Q、$\overline{Q}$ 端的波形。

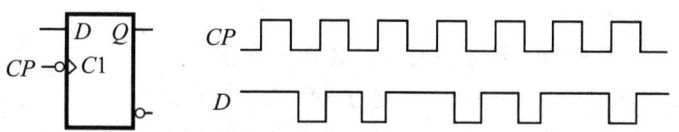

习题 4.7 图

4.8 已知边沿 JK 触发器电路,$J=K=1$,输入时钟、控制信号(R_D、S_D)的波形如习题 4.8 图所示,设触发器的初始状态 $Q=0$。画出 Q、$\overline{Q}$ 端的波形。

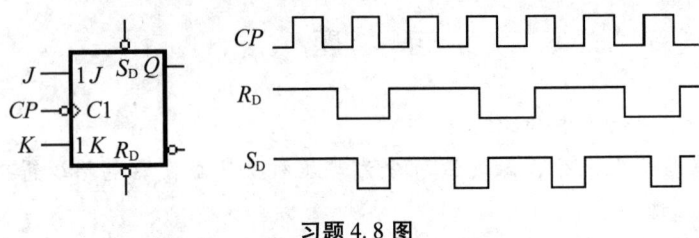

习题 4.8 图

4.9 JK 触发器组成的电路如习题 4.9 图（a）、（b）所示。设电路输入如图（c）所示的波形。画出各电路的输出（Q 端）波形。设触发器的初始状态 $Q=0$。

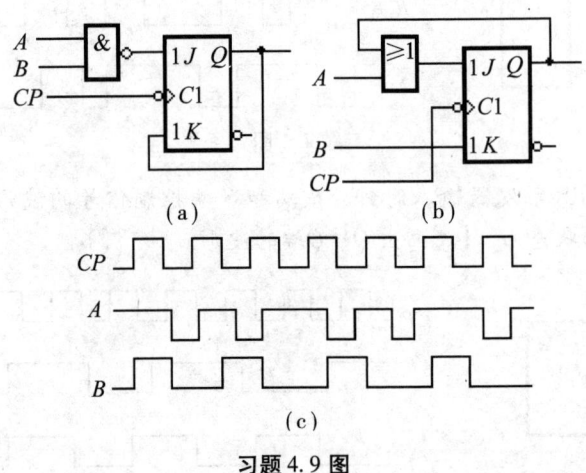

习题 4.9 图

4.10 已知某触发器的功能表如习题 4.10 表，试写出该触发器的特征方程，并画出其状态转换图。

习题 4.10 表

Q^n	A	B	Q^{n+1}	Q^n	A	B	Q^{n+1}
0	0	0	0	1	0	0	1
0	0	1	0	1	0	1	1
0	1	0	1	1	1	0	1
0	1	1	0	1	1	1	0

4.11 已知某触发器的特征方程 $Q^{n+1} = (\overline{A}+B)\overline{Q^n} + (A+\overline{B})Q^n$，试根据特征方程，画出其状态转换图和特性表。

4.12 判断题（正确的在括号内打√，错误的在括号内打×）。

（1）JK 触发器在时钟脉冲作用下，若 $J=K=0$，则触发器状态一定翻转。（   ）

（2）只要是同步结构的触发器都有可能发生空翻现象。（   ）

（3）异步计数器是指用同一 CP 脉冲控制各触发器的计数器。（   ）

（4）同步计数器是指用同一 CP 脉冲控制各触发器的计数器。（   ）

第五章 时序逻辑电路

本章将详细地介绍时序逻辑电路的基本分析方法和步骤,以及寄存器、计数器等常用时序逻辑电路的工作原理和使用方法,最后介绍几种常用集成计数器产品的应用。

5.1 概 述

一、时序逻辑电路的特点

在时序逻辑电路中,任意时刻的输出信号不仅取决于当时的输入信号,还取决于电路原来的状态。

时序逻辑电路由两部分组成,一部分是组合逻辑电路,另一部分是由触发器构成的存储电路。图 5-1 所示是它的结构示意框图。

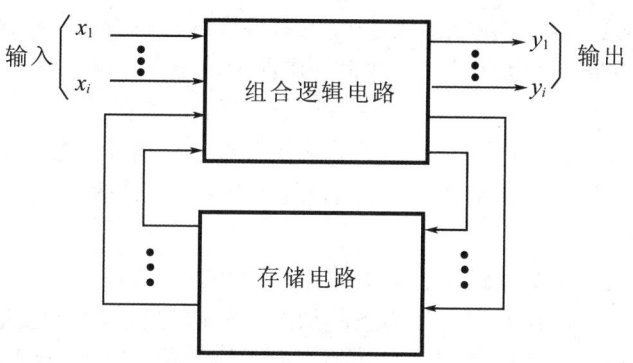

图 5-1 时序逻辑电路的结构示意框图

(1) 时序电路逻辑功能上的特点。

任何时刻电路的稳态输出,不仅和该时刻的输入信号有关,而且与电路原来的状态有关,或者说,还与以前的输入有关。

(2) 时序电路结构上的特点。

在时序电路中,作为存储单元的触发器是不可或缺的,而组合逻辑电路可根据需要选用。

根据电路状态变化的特点,时序逻辑电路又有同步时序逻辑电路和异步时序逻辑电路之分。在同步时序逻辑电路中,所有触发器的时钟脉冲输入端 CP 是连在一起的,各触发器状态的变化都是在同一个 CP 脉冲信号操作下同时发生的。而在异步时序逻辑电路中，触发器状态的改变不是在同一时刻发生的。

二、时序电路逻辑功能的表示方法

从电路组成上看，第四章讨论的触发器也是时序电路，只不过因其功能相对来说比较简单，一般情况下仅当作基本单元电路来处理。

时序电路逻辑功能的表示方法有逻辑表达式、状态转换真值表、状态图和时序图等。

5.2 时序逻辑电路的分析方法

对时序电路进行分析，就是根据给定的时序电路，找出电路的逻辑功能。具体地说，就是要找出给定电路的状态和输出的状态在时钟脉冲作用下随输入变量变化的规律。

5.2.1 同步时序逻辑电路的分析方法

一、同步时序逻辑电路的一般分析步骤

1. 写方程式

（1）驱动方程：每个触发器输入信号的逻辑函数式。

（2）将得到的驱动方程代入相应触发器的特性方程即可得到每个触发器的状态方程，从而得到由这些状态方程组成的整个时序电路的状态方程组。

（3）输出方程。根据时序逻辑电路图写出电路的输出方程。

就一般情况而言，从这一组方程式仍然不能获得电路逻辑功能的完整印象。为了使电路的逻辑功能一目了然，需要再列出电路的状态转换真值表。

2. 列状态转换真值表

将任何一组输入变量及电路初态的取值代入状态方程和输出方程，即可计算出电路的次态和输出值；以得到的次态作为新的初态，和这时的输入变量取值一起再代入状态方程和输出方程，又可计算出一组新的次态和输出值。如此继续下去，将全部的计算结果列成真值表的形式，就得到了状态转换真值表。

3. 画状态转换图与时序图

为了用更加形象的方式直观地显示出时序电路的逻辑功能，有时需要进一步将状态转换真值表的内容表示成状态转换图的形式。

4. 逻辑功能说明

根据状态转换真值表分析和说明电路的逻辑功能。

例1 试分析图 5-2 所示时序电路的逻辑功能。写出它的驱动方程、状态方程和输出方程，并画出状态转换图和时序图。设初始状态 $Q_3Q_2Q_1=000$。

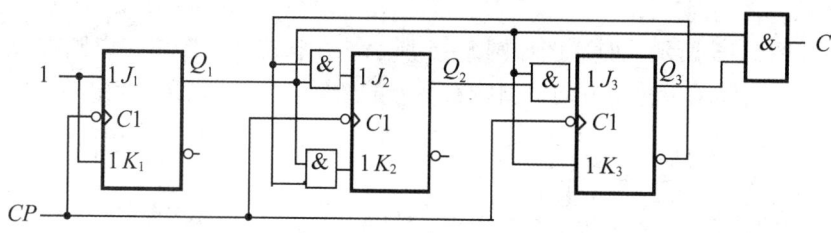

图 5-2 例 1 的时序逻辑电路

解：从给定的电路图写出驱动方程、输出方程和状态方程：

（1）驱动方程：

$$J_1 = 1 \quad J_2 = \overline{Q_3^n} Q_1^n \quad J_3 = Q_2^n Q_1^n$$
$$K_1 = 1 \quad K_2 = \overline{Q_3^n} Q_1^n \quad K_3 = Q_1^n$$

(5.2.1)

（2）输出方程：

$$C = Q_3^n Q_1^n$$

(5.2.2)

（3）状态方程：

将上述驱动方程代入 JK 触发器的特性方程：

$$Q^{n+1} = J\overline{Q^n} + \overline{K}Q^n$$

可得状态方程如下：

$$Q_1^{n+1} = J_1\overline{Q_1^n} + \overline{K_1}Q_1^n = 1\overline{Q_1^n} + \overline{1}\,Q_1^n = \overline{Q_1^n} \quad （CP\downarrow 有效）$$
$$Q_2^{n+1} = J_2\overline{Q_2^n} + \overline{K_2}Q_2^n = \overline{Q_3^n}Q_1^n\overline{Q_2^n} + \overline{\overline{Q_3^n}Q_1^n}\,Q_2^n \quad （CP\downarrow 有效）$$
$$Q_3^{n+1} = J_3\overline{Q_3^n} + \overline{K_3}Q_3^n = Q_2^nQ_1^n\overline{Q_3^n} + \overline{Q_1^n}\,Q_3^n \quad （CP\downarrow 有效）$$

(5.2.3)

（4）列状态转换真值表。

将电路的初态 $Q_3^nQ_2^nQ_1^n = 000$，代入状态方程和输出方程得到 $Q_3^{n+1}Q_2^{n+1}Q_1^{n+1} = 001$，$C = 0$。

依次将得到的现态 $Q_3^nQ_2^nQ_1^n$，代入状态方程式和输出方程式计算，求出相应的次态和输出值，结果见表 5-1 所示。

表 5-1 例 1 的状态表

计数顺序	现 态			次 态			输 出
CP	Q_3^n	Q_2^n	Q_1^n	Q_3^{n+1}	Q_2^{n+1}	Q_1^{n+1}	C
1	0	0	0	0	0	1	0
2	0	0	1	0	1	0	0
3	0	1	0	0	1	1	0
4	0	1	1	1	0	0	0
5	1	0	0	1	0	1	0
6	1	0	1	0	0	0	1
	1	1	0	1	1	1	0
	1	1	1	0	1	0	1

(5) 画状态图与时序图。

状态图如图5-3所示，时序图如图5-4所示。在状态转换图中，以圆圈表示电路的各个状态，箭头标示出转换方向，斜线右下方的数码是转换过程中产生的进位信号。

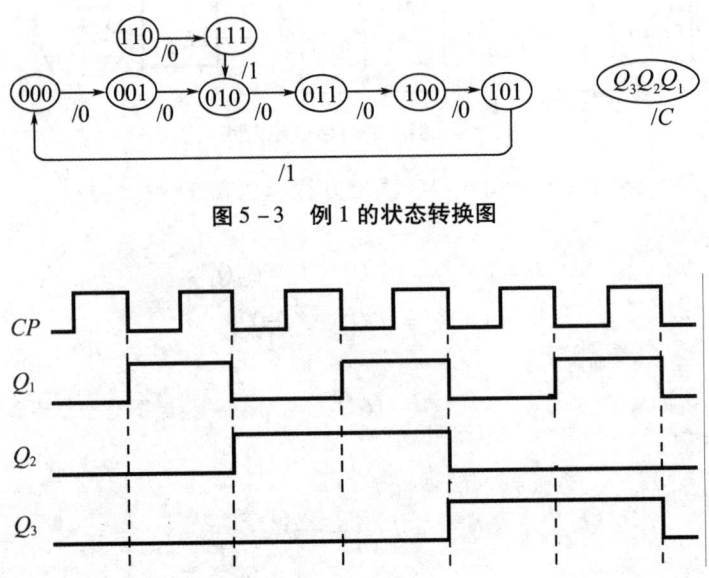

图5-3 例1的状态转换图

图5-4 例1的时序图

5. 是否具有自启动能力的检查

在时序电路中，凡是由有效状态形成的循环，都叫有效循环，如图5-2所示电路中有3个触发器，它们的状态组合有8种，其中有6个状态被利用到了，并构成了循环，称为有效循环状态（或称有效状态）。状态110和111没有被利用，称为无效状态。分析时必须将无效状态代入状态方程中进行计算。直到进入有效循环为止。例如将110代入状态方程中进行计算得111，111仍不是有效循环，再将111代入状态方程中进行计算得010，010为有效循环。电路由无效状态经计数脉冲作用后，能返回有效循环的，称为具有自启动能力。如果对无效状态进行计算时，始终不能进入有效循环状态，而是在无效状态间进行循环，则说明电路设计有问题，不能正常工作。显然，这是时序逻辑电路正常工作时所不允许的。

例2 试画出图5-5所示时序电路的状态图，并检查电路的自启动能力。设初始状态 $Q_3Q_2Q_1=000$。

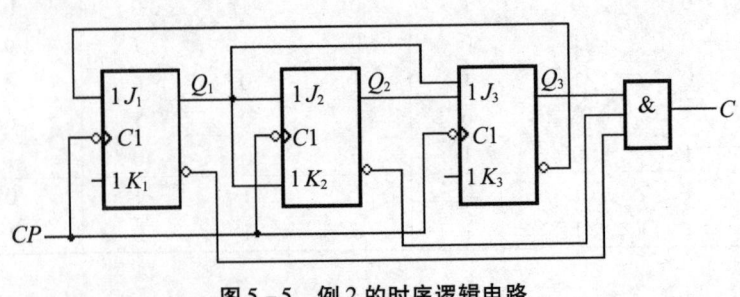

图5-5 例2的时序逻辑电路

解:(1)由给定的电路图写出驱动方程和输出方程。

$$J_1 = \overline{Q_3^n} \qquad J_2 = Q_1^n \qquad J_3 = Q_2^n Q_1^n$$
$$K_1 = 1 \qquad K_2 = Q_1^n \qquad K_3 = 1$$
$$C = \overline{Q_1^n}\,\overline{Q_2^n}\,Q_3^n$$

将驱动方程代入 JK 触发器的特性方程,得到电路的状态方程

$$Q_1^{n+1} = J_1^n \overline{Q_1^n} + \overline{K_1^n} Q_1^n = \overline{Q_3^n}\,\overline{Q_1^n} \qquad (CP\downarrow 有效)$$
$$Q_2^{n+1} = Q_1^n \overline{Q_2^n} + \overline{Q_1^n} Q_2^n = Q_1^n \oplus Q_2^n \qquad (CP\downarrow 有效)$$
$$Q_3^{n+1} = \overline{Q_3^n} Q_2^n Q_1^n \qquad (CP\downarrow 有效)$$

(2)列状态转换真值表。

将输入信号和现态的各种取值组合代入状态方程,得到状态表如表 5-2 所示。

表 5-2 例 2 的状态表

现态			次态			输出
Q_3^n	Q_2^n	Q_1^n	Q_3^{n+1}	Q_2^{n+1}	Q_1^{n+1}	C
0	0	0	0	0	1	0
0	0	1	0	1	0	0
0	1	0	0	1	1	0
0	1	1	1	0	0	0
1	0	0	0	0	0	1
1	0	1	0	1	0	0
1	1	0	0	1	0	0
1	1	1	0	0	0	0

(3)画状态转换图。

根据表 5-2 画出状态转换图如图 5-6 所示。

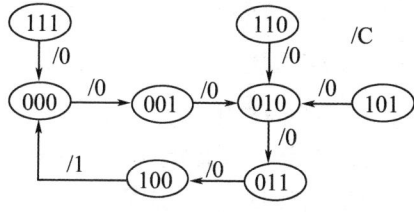

图 5-6 例 2 的状态转换图

(4)检查电路是否具有自启动能力。

图 5-5 所示时序电路由 3 个触发器组成,电路所提供的状态数有 $N = 2^3 = 8$ 个,但本电路实际使用的有效状态数是 5 个:000、001、010、011、100,存在 3 个无效状态 101、110、111。经检查,3 个无效状态分别代入状态方程后,都能转入有效循环,如

图 5-6 所示，所以，图 5-5 所示电路具有自启动能力。

*5.2.2 异步时序逻辑电路的一般分析方法

异步时序逻辑电路的分析方法和同步时序逻辑电路的分析方法略有不同。这是因为在异步时序逻辑电路中，每次电路状态发生转换时并不是所有触发器都有时钟信号。只有那些有时钟信号的触发器才可以用特性方程去计算次态，而没有时钟信号的触发器将保持原来的状态不变。所以，在分析异步时序逻辑电路时，需要找出哪些触发器有时钟信号到来，哪些触发器没有时钟信号到来。

下面通过实例具体说明异步时序逻辑电路的分析方法与步骤。

例3 试画出图 5-7 所示时序电路的状态转换图和时序图。设初始状态 $Q_3Q_2Q_1 = 000$。

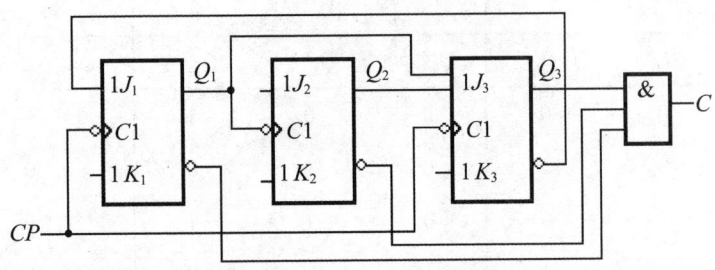

图 5-7 例3 的时序逻辑电路

解：（1）根据逻辑图写出时钟方程、驱动方程、输出方程如下：

时钟方程：$CP_1 = CP_3 = CP$，$CP_2 = Q_1^n$

驱动方程：

$$J_1 = \overline{Q_3^n} \qquad J_2 = 1 \qquad J_3 = Q_2^n Q_1^n$$

$$K_1 = 1 \qquad K_2 = 1 \qquad K_3 = 1$$

输出方程：$C = \overline{Q_1^n}\, \overline{Q_2^n}\, \overline{Q_3^n}$

（2）将驱动方程代入 JK 触发器的特性方程得到电路的状态方程

$$Q_1^{n+1} = J_1 \overline{Q_1^n} + \overline{K_1}\, Q_1^n = \overline{Q_3^n}\, \overline{Q_1^n} \qquad (CP\downarrow 有效)$$

$$Q_2^{n+1} = J_2 \overline{Q_2^n} + \overline{K_2}\, Q_2^n = \overline{Q_2^n} \qquad (Q_1 \downarrow 有效)$$

$$Q_3^{n+1} = J_3 \overline{Q_3^n} + \overline{K_3}\, Q_3^n = \overline{Q_3^n}\, Q_2^n Q_1^n \qquad (CP \downarrow 有效)$$

为了画电路的转换图，需列出电路的状态转换表。在计算触发器的次态时，首先应找出每次电路状态转换时各个触发器的 CP 信号是否到来。为此，可以从给定的 CP 连续作用下列出触发器输出的对应值。将 J、K 输入信号和现态 Q^n 的各种取值组合代入状态方程，得到状态表如表 5-3 所示：

表 5-3 例 3 的状态表

现态			次态			输出
Q_3^n	Q_2^n	Q_1^n	Q_3^{n+1}	Q_2^{n+1}	Q_1^{n+1}	C
0	0	0	0	0	1	0
0	0	1	0	1	0	0
0	1	0	0	1	1	0
0	1	1	1	0	0	0
1	0	0	0	0	0	1
1	0	1	0	1	0	0
1	1	0	0	1	0	0
1	1	1	0	0	0	0

根据状态转换表画出状态转换图和时序图如图 5-8 所示。

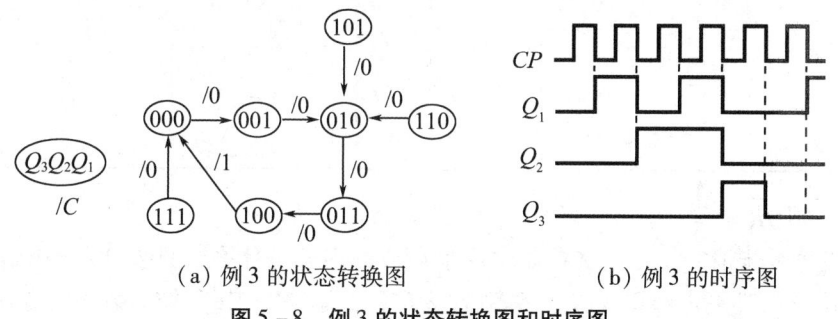

(a) 例 3 的状态转换图　　　　(b) 例 3 的时序图

图 5-8　例 3 的状态转换图和时序图

5.3　寄存器

寄存器是最常见的一个重要数字部件。它被广泛地用于各类数字系统和计算机中。

按电路功能上的差异来分，寄存器分成数码寄存器和移位寄存器两大类。数码寄存器具有接收、存放及传送数码的功能。移位寄存器不但可以存储数据或代码，而且在移位脉冲的操作下，寄存器中的数码可根据需要依次逐位右移或左移。

5.3.1　数码寄存器

用于存放参与运算的数码、指令和运算结果的逻辑部件称为数码寄存器。通过前面的学习我们已经知道，一个触发器可以存放 1 位二进制数码，那么，寄存 n 位二进制数码，就需要 n 个触发器。下面以集成 4 位数码寄存器 74LS175 为例说明数码寄存器的电路结构、功能特点。

图 5-9 所示是 74LS175 的逻辑图。由图可以看出，它由 4 边沿 D 触发器构成，

$D_0 \sim D_3$ 是并行数码输入端，$\overline{MR}$ 是清零端，$Q_0 \sim Q_3$ 是并行数码输出端。

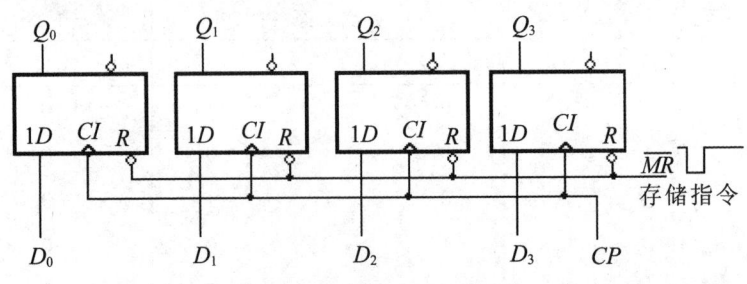

图 5-9　74LS175 的逻辑图

74175、74LS175 的功能表如表 5-4 所示。

表 5-4　74175、74LS175 的功能表

输入			输出	
$\overline{MR}$	CP	D	Q_{n+1}	$\overline{Q_{n+1}}$
0	×	×	0	1
1	↑	1	1	0
1	↑	0	0	1
1	0	×	Q^n	$\overline{Q^n}$

（1）清零 $\overline{MR}=0$。

各触发器异步清零。无论寄存器中原来存放的内容是什么，只要 $\overline{MR}=0$，就立即使 4 个 D 触发器都复位到 0 状态。清零后，$\overline{MR}$ 应接高电平，以免妨碍数码的寄存。

（2）并行数据送入。

在 $\overline{MR}=1$ 的前提下，将所要存入的数据 D 依次加到数据输入端，在 CP 脉冲上升沿到达时，数据将被并行存入。

（3）记忆保持。

在 $\overline{MR}=1$，CP 上升沿以外的时间，各触发器保持原状态不变，寄存器处于记忆保持状态。

主要特点：

74LS175 接收数据时所有各位代码是同时输入的，触发器中的输出数据也是并行地出现在输出端，因此将这种输入、输出方式称为并行输入、并行输出方式。这种寄存器结构简单，在时钟 CP 的边沿触发下工作，抗干扰能力很强，应用很广泛。

5.3.2　移位寄存器

一、单向移位寄存器

1. 电路组成

图 5-10 所示是用 D 触发器构成的 4 位移位寄存器的逻辑图。

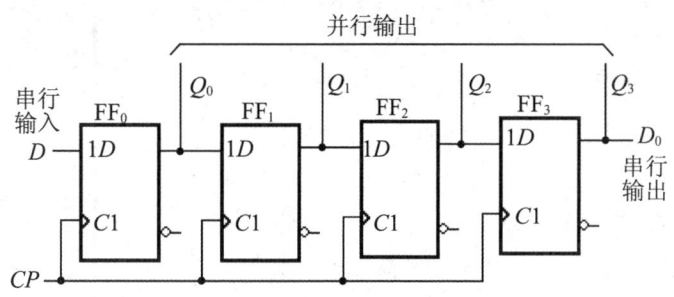

图 5-10　用 D 触发器构成的 4 位移位寄存器

2. 功能分析

时钟方程：$CP_0 = CP_1 = CP_2 = CP_3 = CP$

驱动方程：$D_0 = D$，$D_1 = Q_0^n$，$D_2 = Q_1^n$，$D_3 = Q_2^n$

状态方程：

$$Q_0^{n+1} = D \quad （CP\uparrow 有效）$$
$$Q_1^{n+1} = Q_0^n \quad （CP\uparrow 有效）$$
$$Q_2^{n+1} = Q_1^n \quad （CP\uparrow 有效）$$
$$Q_3^{n+1} = Q_2^n \quad （CP\uparrow 有效）$$

移动状况表：从图 5-10 可知，当移位寄存器的初始状态为 $Q_0Q_1Q_2Q_3 = 0000$，在 4 个时钟周期内输入代码依次为 1011 时，在移位脉冲作用下，移位寄存器里代码的移动情况将如表 5-5 所示。

表 5-5　移位寄存器中代码的移动情况

CP	D	Q_0	Q_1	Q_2	Q_3
1	1	1	0	0	0
2	0	0	1	0	0
3	1	1	0	1	0
4	1	1	1	0	1

可见，经过 4 个 CP 脉冲信号以后，串行输入的 4 位代码全部移入了移位寄存器中，同时在 4 个触发器的输出端得到了并行输出的代码。因此，利用移位寄存器可以实现代码的串行–并行的转换。

3. 电路特点

（1）单向移位寄存器中的数码，在 CP 作用下，可以依次右移（右移移位寄存器）。

（2）n 位单向移位寄存器可以寄存 n 位二进制数码。n 个 CP 脉冲即可完成串行输入，又可从 $Q_0 \sim Q_{n-1}$ 端得到并行的 n 位二进制数码，再用 n 个 CP 脉冲又可实现串行输出操作。

（3）若串行输入端状态为 0，则 n 个 CP 脉冲后，寄存器便被清零。

二、双向移位寄存器

把左移和右移移位寄存器组合起来，加上移位方向控制信号，便可构成双向移位寄存器。下面以 4 位双向移位寄存器 74LS194 为例进行讨论。

1. 逻辑符号

74LS194 的逻辑符号如图 5-11 所示。$\overline{MR}$ 是清零端，低电平有效。S_0、S_1 是工作状态控制端；D_{SR} 和 D_{SL} 分别为右移和左移串行数码输入端；$D_0 \sim D_3$ 是并行数码输入端；$Q_0 \sim Q_3$ 是并行数码输出端；CI 是时钟脉冲——移位操作信号输入端。

2. 逻辑功能

74LS194 的功能表如表 5-6 所示。

图 5-11　74LS194 的逻辑符号

表 5-6　双向移位寄存器 74LS194 的逻辑功能表

$\overline{MR}$	S_1	S_0	工作状态
0	×	×	置零
1	0	0	保持
1	0	1	右移
1	1	0	左移
1	1	1	并行输入

3. 集成移位寄存器位数的扩展

用 74LS194 可以接成多位双向移位寄存器。图 5-12 所示是用两片 74LS194 接成 8 位双向移位寄存器的连接图。

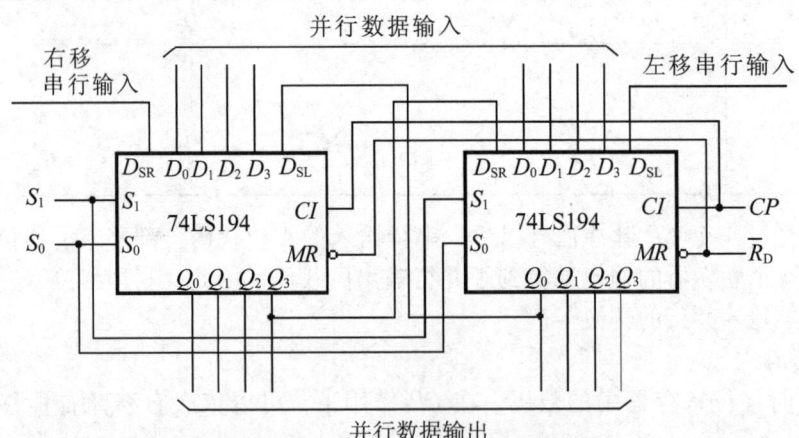

图 5-12　用两片 74LS194 接成 8 位双向移位寄存器

其连接方法是：把两芯片的 S_1、S_0、CI 和 $\overline{MR}$ 分别并接，同时将其中一片的 Q_3 接至另一片的 D_{SR} 端，另一片的 Q_0 接至这一片的 D_{SL} 端。

寄存器是一种重要的时序逻辑器件，它在数字电路中的应用是多方面的。如利用寄存器实现数据传输方式的转换，将数据的串行输入转换为并行输出，构成移位寄存型计数器等。

5.4 计数器

5.4.1 计数器概述

计数器不仅能用于对时钟脉冲计数，还可以用于分频、定时等。计数器应用非常广泛，从小型数字仪表，到大型数字计算机，是数字仪表乃至数字系统中不可缺少的组成部分。

计数器内部的基本计数单元由触发器组成。

计数器的种类繁多，从不同角度有不同的分类方法。

（1）按计数的步长可分为：二进制计数器、十进制计数器和任意进制计数器（也称为 N 进制计数器）。除了二进数和十进制计数器之外的其他进制计数器，都叫做 N 进制计数器。如，$N=16$ 的计数器，叫做十六进制计数器。

（2）按计数增减趋势分为：加法计数器、减法计数器和可增可减的可逆计数器。

加法计数器：当计数脉冲到来时，按递增规律进行计数的电路叫做加法计数器。

减法计数器：当计数脉冲到来时，按递减规律进行计数的电路叫做减法计数器。

（3）按计数器中触发器翻转是否同步可分为：同步计数器和异步计数器。

同步计数器：构成计数器的所有触发器由同一个时钟脉冲 CP 控制。

异步计数器：构成计数器的各触发器不采用统一的时钟脉冲 CP 控制。

（4）按计数器内部器件分，有 TTL 和 CMOS 计数器等。

5.4.2 二进制计数器

1. 同步二进制加法计数器

图 5-13 所示为一个 3 位二进制同步加法计数器的逻辑电路图。

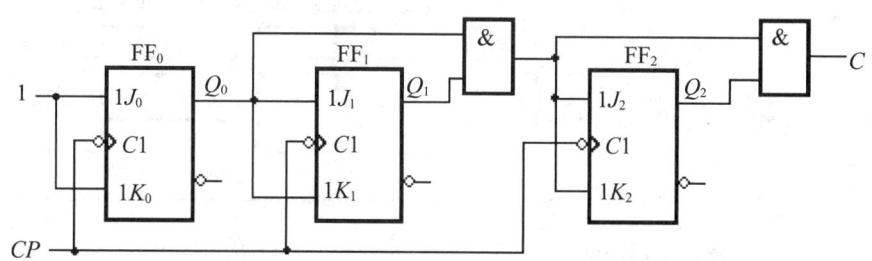

图 5-13　3 位二进制同步加法计数器的逻辑电路图

分析步骤如下：

（1）列方程：

时钟方程：

$$CP_0 = CP_1 = CP_2 = CP$$

驱动方程：

$$J_0 = K_0 = 1$$
$$J_1 = K_1 = Q_0^n$$
$$J_2 = K_2 = Q_1^n \cdot Q_0^n$$

输出方程：

$$C = Q_0^n \cdot Q_1^n \cdot Q_2^n$$

状态方程：

$$Q_0^{n+1} = \overline{Q_0^n} \quad (CP\downarrow 有效)$$
$$Q_1^{n+1} = Q_0^n \oplus Q_1^n \quad (CP\downarrow 有效)$$
$$Q_2^{n+1} = (Q_1^n Q_0^n) \oplus Q_2^n \quad (CP\downarrow 有效)$$

（2）列状态转换表如表 5-7 所示。

表 5-7　3 位二进制同步加法计数器的状态转换表

计数顺序	现　态			次　态			进位输出
CP	Q_2^n	Q_1^n	Q_0^n	Q_2^{n+1}	Q_1^{n+1}	Q_0^{n+1}	C
1	0	0	0	0	0	1	0
2	0	0	1	0	1	0	0
3	0	1	0	0	1	1	0
4	0	1	1	1	0	0	0
5	1	0	0	1	0	1	0
6	1	0	1	1	1	0	0
7	1	1	0	1	1	1	1
8	1	1	1	0	0	0	0

（3）状态转换图和时序图分别如图 5-14（a）（b）所示。

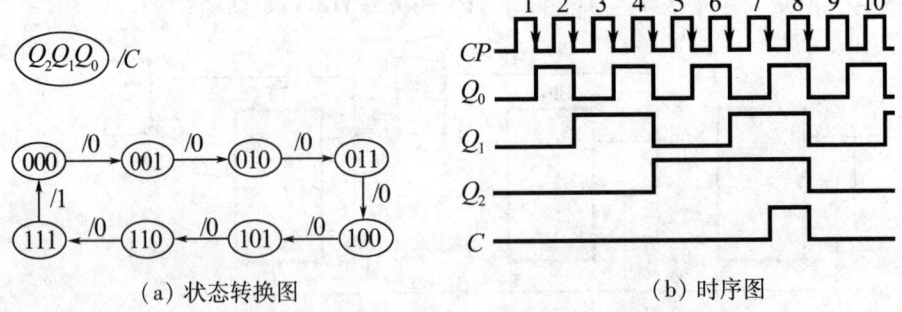

(a) 状态转换图　　　　　　　　(b) 时序图

图 5-14　3 位二进制同步加法计数器的状态转换图和时序图

从图 5-14 可见，当电路状态转换到 111 时，进位输出信号 C 变为高电平，下一个 CP 脉冲来到后，电路回到原态 000。

2. 异步二进制加法计数器

异步计数器中的各个触发器不是同步翻转的，在进行"加 1"计数时是采用从低位到高位逐位进位的方式工作。

图 5-15 所示是 3 位异步二进制加法计数器的逻辑电路图。

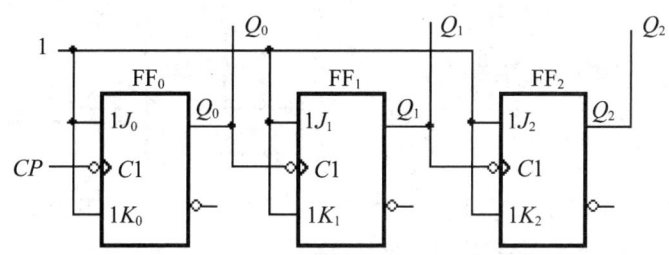

图 5-15 3 位异步二进制加法计数器的逻辑电路

分析步骤如下：
(1) 列方程：
时钟方程：
$$CP_0 = CP, \quad CP_1 = Q_0^n, \quad CP_2 = Q_1^n$$

驱动方程：
$$\begin{cases} J_0 = K_0 = 1 \\ J_1 = K_1 = 1 \\ J_2 = K_2 = 1 \end{cases}$$

状态方程：
$$Q_0^{n+1} = \overline{Q_0^n}$$
$$Q_1^{n+1} = \overline{Q_1^n}$$
$$Q_2^{n+1} = \overline{Q_2^n}$$

(2) 状态转换表如表 5-8 所示。

表 5-8 图 5-15 电路的状态转换表

计数顺序 CP	现态			次态		
	Q_2^n	Q_1^n	Q_0^n	Q_2^{n+1}	Q_1^{n+1}	Q_0^{n+1}
1	0	0	0	0	0	1
2	0	0	1	0	1	0
3	0	1	0	0	1	1
4	0	1	1	1	0	0
5	1	0	0	1	0	1
6	1	0	1	1	1	0
7	1	1	0	1	1	1
8	1	1	1	0	0	0

(3) 状态转换图和时序图分别如图 5-16 (a)(b) 所示。

从状态图可知，当电路状态转换到 111 时，进位信号 C 变为高电平，下一个 CP 脉冲来到后，电路回到原态000。

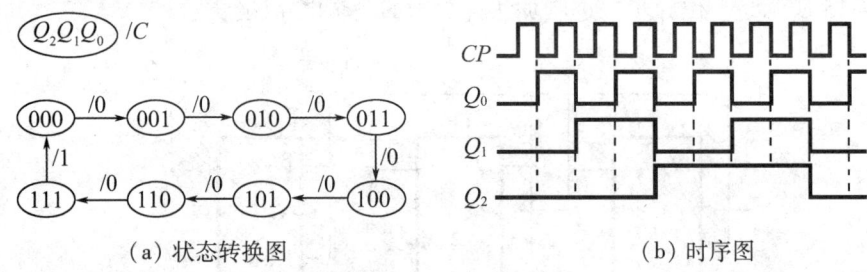

(a) 状态转换图　　　　　　　　(b) 时序图

图 5-16　异步二进制加法计数器的状态转换图和时序图

3. 集成同步二进制计数器74LS161

图5-17为中规模集成4位同步二进制计数器74LS161的逻辑符号和引脚排列图。表5-9是74LS161的功能表。

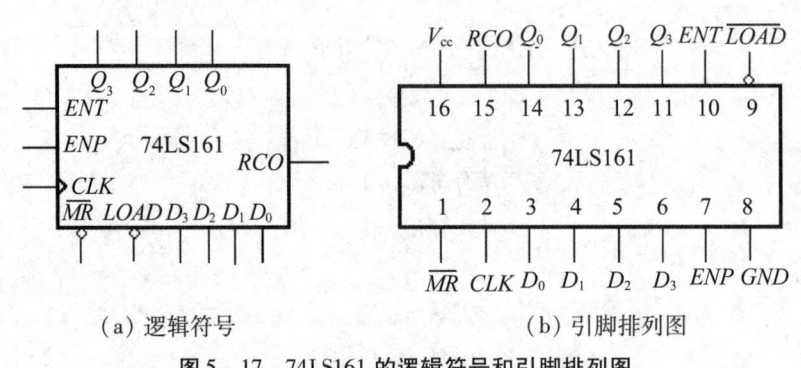

(a) 逻辑符号　　　　　　　　(b) 引脚排列图

图 5-17　74LS161的逻辑符号和引脚排列图

表5-9　4位同步二进制计数器74LS161的功能表

输入									输出			
$\overline{MR}$	$\overline{LOAD}$	ENT	ENP	CI	D_0	D_1	D_2	D_3	Q_3	Q_2	Q_1	Q_0
0	×	×	×	×	×	×	×	×	0	0	0	0
1	0	×	×	↑	d_0	d_1	d_2	d_3	d_3	d_2	d_1	d_0
1	1	1	1	↑	×	×	×	×	计数			
1	1	0	×	×	×	×	×	×	保持			
1	1	×	0	×	×	×	×	×	保持			

由表5-9可知74LS161具有如下主要功能：

(1) 异步清零功能。

当$\overline{MR}=0$时，所有触发器将同时被置零，而且，置零操作不受其他输入端状态的影响。

(2) 同步并行预置数功能。当$\overline{MR}=1$，$\overline{LOAD}=0$时，在CP脉冲的上升沿操作下，并行输入数据$d_0 \sim d_3$置入计数器，数据被送至输出端，使

$$Q_3^{n+1}Q_2^{n+1}Q_1^{n+1}Q_0^{n+1}=d_3d_2d_1d_0$$

(3) 当$\overline{MR}=\overline{LOAD}=ENT=ENP=1$时，计数器处于计数状态，当电路从0000状态

开始连续输入 16 个计数脉冲时，计数器将从 1111 状态返回到 0000 状态。

（4）ENT 和 ENP 是计数器控制端，只要其中一个或一个以上为低电平，计数器就保持原态。

综上所述可知，74LS161 是一个具有异步清零、同步置数、可保持状态不变的 4 位二进制同步加法计数器。

集成计数器 74161 除了内部电路结构形式上与 74LS161 有些区别外，其逻辑功能表、引脚排列及外部引线的配置都与 74LS161 相同。74163 和 74LS163 都采用同步清零方式外，74163 逻辑功能、计数工作原理和引脚排列也与 74LS163 相似。

4. 集成 4 位二进制同步可逆计数器 74LS193

集成 4 位二进制同步可逆计数器有单时钟和双时钟两种类型，前者用的是 T 触发器，后者用的是 T′触发器，它们的工作原理及构成方法和一般时序电路相似，下面以 74LS193 为例进行简单说明。

（1）74LS193 的引脚排列图与逻辑符号图。

图 5 – 18 所示为集成 4 位二进制同步可逆计数器 74LS193 的引脚排列图和逻辑符号图。MR 是异步清零端，高电平有效；PL 是异步置数控制端；UP 是加法计数脉冲输入端，DN 是减法计数脉冲输入端，T_{CU} 是进位脉冲输出端，T_{CD} 是借位脉冲输出端，$D_0 \sim D_3$ 是并行数据输入端，$Q_0 \sim Q_3$ 是计数器状态输出端。

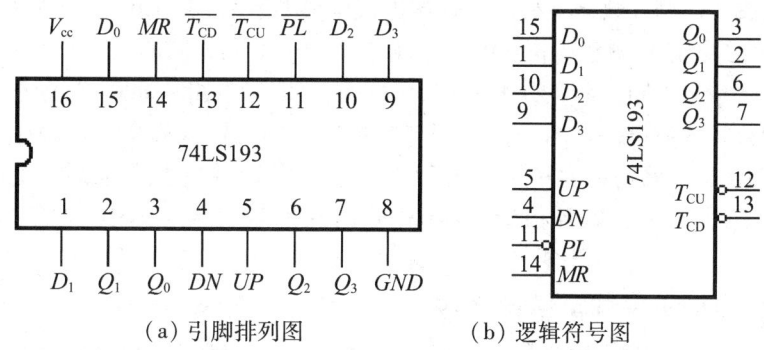

(a) 引脚排列图　　(b) 逻辑符号图

图 5 – 18　集成加/减计数器 74 LS193 的引脚排列图和逻辑符号图

（2）74LS193 的功能表。

74LS193 的功能表如表 5 – 10 所示。

表 5 – 10　74LS193 的功能表

MR	$\overline{PL}$	UP	DN	D_3	D_2	D_1	D_0	Q_3	Q_2	Q_1	Q_0
1	×	×	×	×	×	×	×	0	0	0	0
0	0	×	×	d_3	d_2	d_1	d_0	d_3	d_2	d_1	d_0
0	1	↑	1	×	×	×	×	加法计数			
0	1	1	↑	×	×	×	×	减法计数			

从功能表可见，74LS193 具有如下功能：

① 清零控制。当 $MR=1$ 时，$Q_0 \sim Q_3$ 的输出端为 0000，平时应将 CR 接低电平，以免妨碍正常计数。

② 置数控制。当 $\overline{PL}=0$ 时，输入数据 $d_0 \sim d_3$ 对应置入计数器，使 $Q_3Q_2Q_1Q_0=d_3d_2d_1d_0$。

③ 加/减计数控制。UP 是串行加法计数脉冲输入端，当 UP 端有计数脉冲输入时，计数器做加法计数；DN 是串行减法计数脉冲输入端，当 DN 端有计数脉冲输入时，计数器做减法计数，加到 UP 和 DN 上的计数脉冲在时间上应错开。

④ 进位/借位输出。T_{CU} 为进位输出端、T_{CD} 为借位输出端，它们可供级联使用。

74193 与 74LS193 功能和引脚图完全相同。

同步计数，就是计数器中各触发器在同一个 CP 脉冲作用下，同时翻转到各自确定的状态，为了保证这同时翻转，需要用很多门来控制，所以，同步计数器的电路复杂，计数速度快，多用于计算机中。而异步计数器的电路简单，但计数速度慢，多用于仪器、仪表中。

5.4.3 集成十进制计数器

一、集成同步十进制计数器

常用的集成十进制计数器品种多样，这里仅以典型产品 74LS160 为例做简单说明。

74LS160 的引脚排列图和逻辑功能示意图与 74LS161 是相同的，见图 5-17，所不同的是 74LS160 是十进制，而 74LS161 是十六进制。即当电路从 0000 开始计数，直到输入第 9 个计数脉冲为止，它的工作过程与二进制相同。输入第 9 个计数脉冲后电路进入 1001 状态，这时电路将通过控制电路使当输入第 10 个计数脉冲后，电路返回到 0000 状态，从而实现十进制计数器。74LS160 的功能表也与 74LS161 的功能表（表 5-9）相同。

二、集成同步十进制可逆计数器

集成同步十进制可逆计数器与集成同步二进制可逆计数器一样，有单时钟和双时钟两种类型，并各有定型的集成电路产品出售。属于单时钟类型的有 74LS190、74LS168、CC4510 等。属于双时钟类型的有 74LS192、CC40192 等。

下面以 74LS192 为例介绍十进制可逆计数器的功能特点。

74LS192 的引脚排列图和逻辑符号图与 74LS193 相同（见图 5-18），所不同的是 74LS192 是十进制，而 74LS193 是十六进制。即当电路从 0000 开始计数，直到输入第 9 个计数脉冲为止，它的工作过程与二进制相同。输入第 9 个计数脉冲后电路进入 1001 状态，这时电路将通过控制电路使当输入第 10 个计数脉冲后，电路返回到 0000 状态，从而实现十进制计数器。74LS192 的功能表也与 74LS193 的功能表（表 5-10）相同。

5.4.4 实现 N 进制计数器的方法

从降低成本的角度考虑,集成电路的定型产品必须有足够大的批量。因此,目前常见的集成计数器产品中,只做成应用较广的二进制和十进制两大系列,但在实际应用中,经常要用到其他进制计数器。在需要其他任意一种进制的计数器时,只能用已有的计数器芯片经过外电路的不同连接方式得到。

假定已有的是 N 进制计数器,但需要得到 M 进制计数器。通常有 $M < N$ 和 $M > N$ 两种可能的情况。下面分别讨论两种情况下构成任意一种进制计数器的方法。

一、$M < N$ 的情况

在 N 进制计数器的顺序计数过程中,若设法使之跳越 $N - M$ 个状态,就可得到 M 进制计数器了。

方法是利用集成二进制或十进制计数器的清零端或置数端,采用反馈归零法或反馈置数法来获得所需的 M 进制计数。

实现跳跃的方法有置零法(也叫复位法)和置数法(或叫置位法)。

采用置零法主要步骤如下:

(1) 写出 N 状态的二进制代码。
(2) 写出反馈归零逻辑—清零端信号的逻辑函数表达式。
(3) 画连线图。

例 4 试利用 74LS161 构成十进制加法计数器。

解:由于 74LS161 是十六进制计数器,具有异步置零功能和同步预置数功能,所以,置零法和置数法均可实现,我们先用置零法,步骤如下:

(1) 写出 $N = 10$ 的 S_N 的二进制代码 $S_N = S_{10} = 1010$。
(2) 写出反馈归零逻辑函数表达式:

$$\overline{MR} = \overline{Q_3^n Q_1^n}$$

(3) 画连线图 [如图 5-19 (a) 所示]。

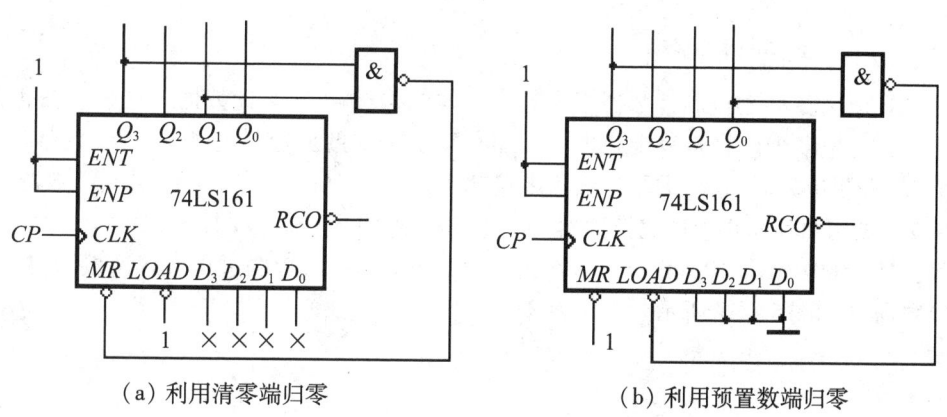

(a) 利用清零端归零   (b) 利用预置数端归零

图 5-19 用 74LS161 构成的十进制计数器

置位法是利用芯片的同步预置控制端和并行数据输入端,采用反馈置数法来实现 N 进制计数的。

利用同步预置数法获得 N 进制计数器的步骤如下:

(1) 将 $D_3 D_2 D_1 D_0$ 置为 0000。

(2) 写出 $N-1$ 状态的二进制代码(如:构成 10 进制计数器时 $N-1 = (9)_{10} = (1001)_2$,将 $N-1$ 所对应的二进制代码中为"1"的输出接到与非门输入端,与非门的输出即为反馈信号。

(3) 画连线图,将反馈信号接到同步置数端。

例 5 试用置位法将 74LS161 构成 10 进制计数器。

解:(1) 写出第 $(N-1) = 10-1 = 9$ 状态的二进制代码 1001。

(2) 写出置零反馈逻辑函数表达式:$\overline{LOAD} = \overline{Q_3^n \cdot Q_0^n} = 0$。

(3) 画出连线图 [如图 5-19 (b) 所示]。

例 6 试用置位法将 74LS160 构成 6 进制计数器。

解:利用芯片的预置端 $\overline{LOAD}$ 将计数器置零。

(1) 写出第 $(N-1) = 6-1 = 5$ 状态的二进制代码 0101。

(2) 写出置零反馈逻辑函数的逻辑表达式:

$$\overline{LOAD} = \overline{Q_2^n Q_0^n} = 0$$

(3) 画连线图(如图 5-20 所示)。

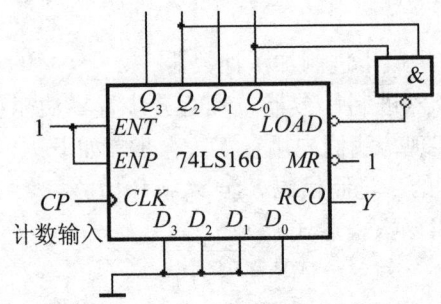

图 5-20 用 74LS160 接成的六进制计数器(置入 0000)

二、$M > N$ 的情况

这时必须用多片 N 进制计数器组合起来,才能构成 M 进制计数器。这种方法也称级联法。即是把多个计数器串接起来,从而获得所需要的大容量的 N 进制计数器。如把一个 N_1 进制计数器和 N_2 进制计数器串接起来,便可构成 $M = N_1 \times N_2$ 进制计数器。

例 7 试用两片同步十进制计数器 74LS160 构成 100 进制计数器。

解:$M = 100$,$N_1 = 10$,$N_2 = 10$,将 2 片 74LS160 直接按串联进位方式连接即得 100 进制计数器(如图 5-21 所示)。

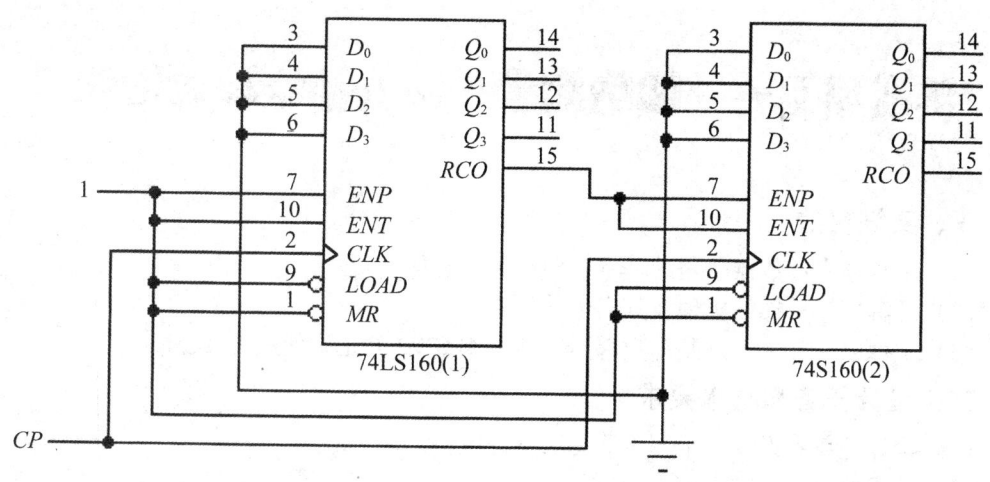

图 5-21

本章小结

时序逻辑电路由触发器和组合逻辑电路组成，其中触发器必不可少，组合逻辑电路可简可繁。时序逻辑电路的输出不仅与输入有关，而且还与电路原来的状态有关，电路的状态由触发器记忆和表示出来。

描述时序逻辑电路功能的方法有逻辑图、状态方程、状态转换真值表、状态转换图和时序图等。

数码寄存器主要用于存放数码。移位寄存器不但可存放数码，还能对数码进行移位操作。移位寄存器有单向移位和双向移位两种。

计数器是快速记录输入脉冲个数的部件。按计数进制分有：二进制计数器、十进制计数器、N 进制计数器。按计数增减分有：加法计数器、减法计数器和可逆计数器。按触发器翻转是否同步分为同步计数器和异步计数器。

中规模集成计数器可以很方便地构成 N 进制计数器。主要方法有：置零法、置数法、级联法等。一片 74LS161 可构成二进制到十六进制之间任意进制的计数器。采用级联的方法可以构成大容量 N 进制计数器。

实训项目一 四位简易频率计的设计与制作

一、实训目的
(1) 了解频率计数器电路的基本结构和工作原理。
(2) 了解信号采样的机理及其实现的方法。
(3) 掌握二－五－十进制计数/分频电路74LS390的正确使用方法。

二、设计任务和基本要求
(1) 设计任务：设计一个四位简易频率计电路。
(2) 技术要求：
①利用石英晶体振荡电路产生1 024 Hz的基准频率。
②位数：计4位十进制数。
③量程：
第一挡：1～9 999 Hz；
第二挡：10～99 990 Hz；
第三挡：100～999 900 Hz。
④显示方式：用七段LED数码管显示读数。
⑤显示位数：4位。
⑥具有"自校"功能。

三、设计方案及工作原理

数字频率计的主要功能是测量周期信号的频率。频率是单位时间（1 s）内信号发生周期变化的次数。如果我们能在单位时间内对信号波形计数，并将计数结果显示出来，就能读取被测信号的频率。所以，数字频率计首先必须设计一个稳定而准确的采样信号（0.5 Hz）；其次是设计将被测信号转换成幅度与波形都能够被数字电路识别的脉冲信号的电路；再次是设计采样、计数、显示及刷新电路。通过计算采样时间间隔内的脉冲个数，并用显示器显示计数的结果。

按照设计任务和设计技术指标要求，四位简易频率计电路原理框图如图1所示。

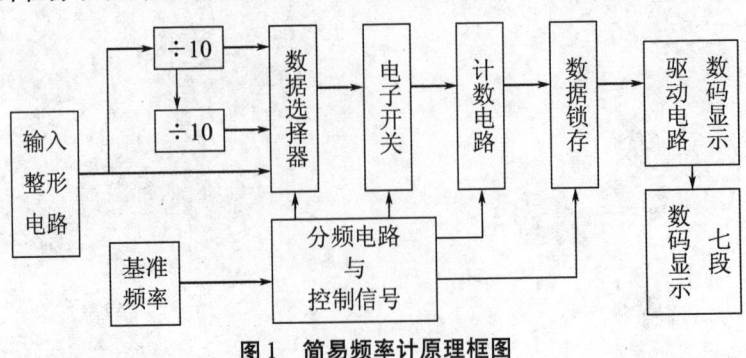

图1 简易频率计原理框图

四位简易频率计电路主要由输入信号处理电路、控制信号产生电路、电子开关、计数和显示电路组成。输入信号处理电路由整形电路、10 分频电路、100 分频电路和选择开关构成；控制信号由基准频率（1 024 Hz）经分频电路和组合逻辑电路产生"自校"信号（512 Hz）、采样信号（0.5 Hz）、数据读取信号以及计数器清零信号。

被测试信号经输入整形电路送入分频电路和数据选择器，再经电子开关电路到计数电路，由计数电路完成计算 1 s 内所输入的脉冲个数，在控制信号的作用下，计数电路计算结果被锁存，经显示驱动电路七段数码显示出来。

四、电路设计

1. 输入信号处理电路

根据设计要求，为满足频率测量范围为 1 ~ 999 900 Hz 的技术要求，四位简易频率计数器必须设置 10 分频、100 分频输出电路，由开关选择测量范围。当开关置 ×1 挡时，测量范围为 1 ~ 9 999 Hz；当开关置 ×10 挡时，测量范围为 10 ~ 99 990 Hz；当开关置 ×100 挡时，测量范围为 100 ~ 999 900 Hz。用门电路完成输入被测试信号整形。输入信号处理电路如图 2 所示。

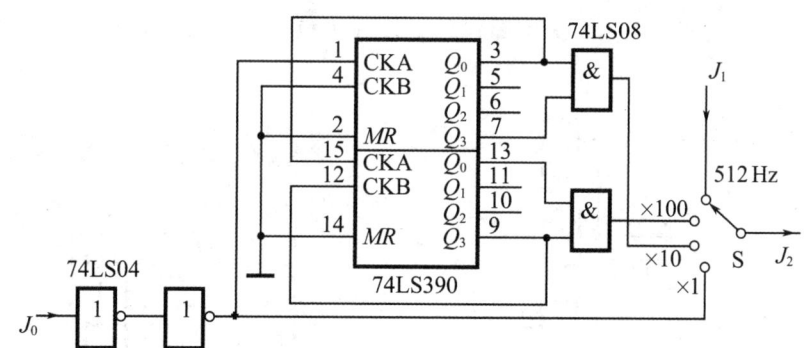

图 2　输入信号处理电路

其中：

J_0 为被测信号输入端，直接接入被测试信号。被测信号进 74LS04 整形后，接入多路选择开关 S（挡位）和经 74LS390 的 10 分频、100 分频后接入多路选择开关 S（挡位）。

J_1 是 512 Hz "自校"信号。来自基准频率电路，由 1 024 kHz 经 4040 分频电路获得。

J_2 为多路选择输出端口。当多路选择开关 S 拨至 "512 Hz" 位置时，频率计"自校"；当 S 开关拨至 "×1"、"×10"、"×100" 位置时，其作用为量程选择，量程分别为 1 ~ 9 999 Hz、10 ~ 99 990 Hz、100 ~ 999 900 Hz。

2. 基准频率电路

基准频率电路采用常用的门电路和石英晶体振荡电路实现，电路如图 3 所示。

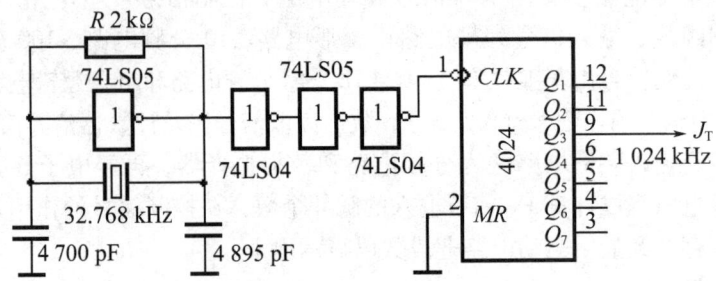

图3 基准频率1 024 Hz信号发生器电路

3. 控制信号产生电路、电子开关

要实现频率计数,则需要:

(1) 时间长度为1 s的电子开关控制信号(1 s内被测信号所通过电子开关的脉冲个数即是该信号的频率)。

(2) 计数电路清零信号,用于计数电路清零。

(3) 锁存信号。用于将计数电路输出信号锁存。

控制信号产生电路、电子开关电路设计如图4(a)所示,控制信号时序波形如图4(b)所示。

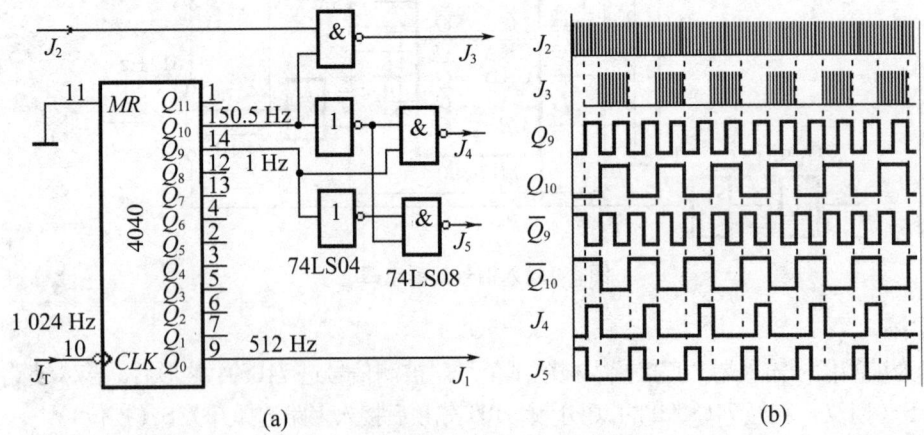

图4 控制信号产生电路、电子开关

4. 计数、显示电路

计数器通常采用二-五-十进制计数电路,数据锁存用74LS374,数码显示驱动采用74LS47集成电路。计数、显示电路如图5所示。

第五章 时序逻辑电路

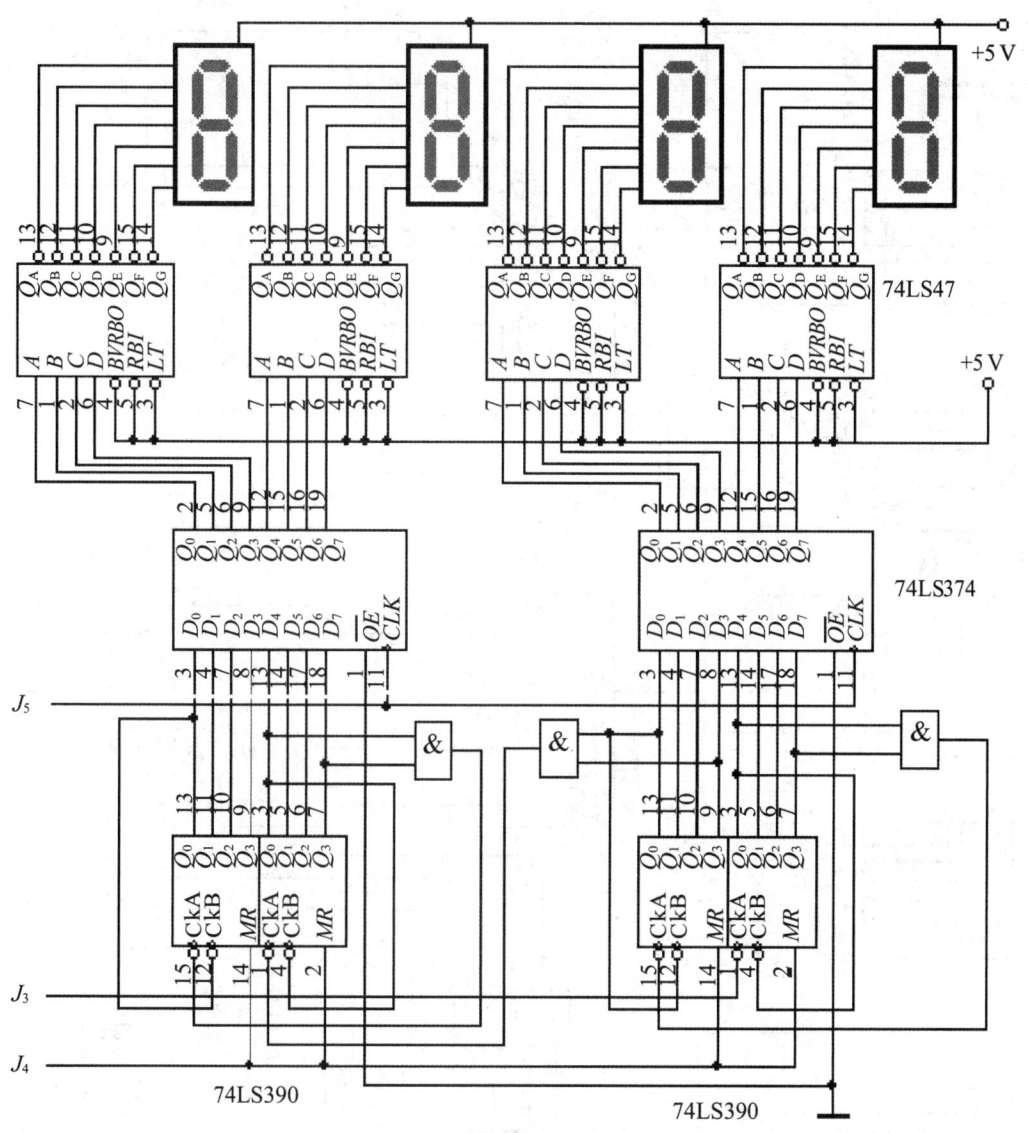

图5 计数和显示电路

四、实训设备与器件

多媒体课室。安装了 Proteus ISIS 或其他仿真软件。

仪器设备：示波器1台，信号发生器（正弦信号、三角波信号、方波信号）1台，万用表1台，直流电源1台，逻辑笔1支。

器件：六非门 74LS04 1片，四-二输入与门 74LS08 2片，74LS390 3片，74LS374 2片，4040 1片，74LS47 4片，七段数码管4个，4触点旋钮开关1个，电阻1批，LED发光二极管4个，覆铜板和三氯化铁（或"面包板"）等。

五、安装调试

把各个单元电路互相连接，四位简易频率计电路如图6所示。在仿真调试、验证的基础上，制作 PCB，安装，接入电源进行电路调试。

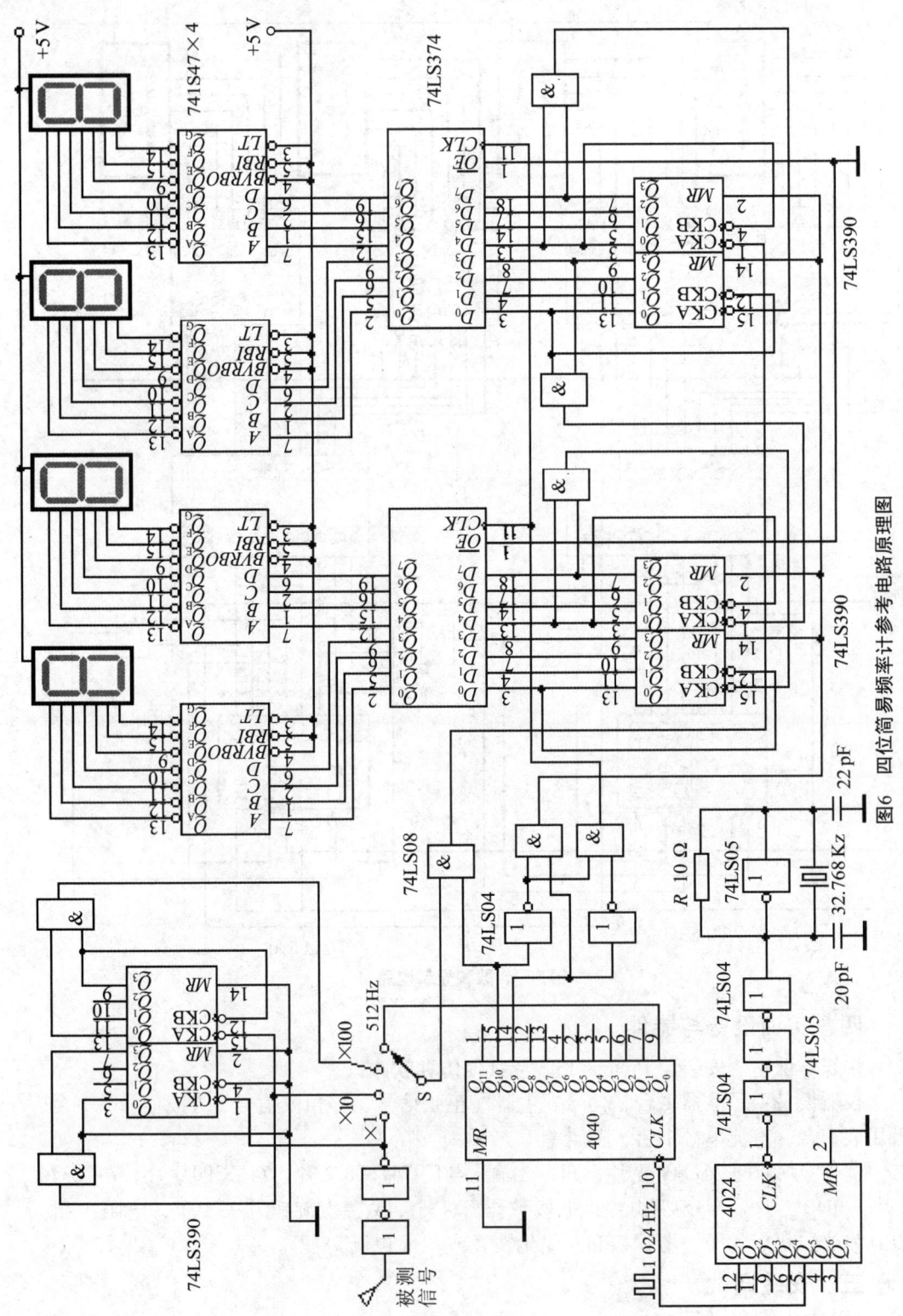

图6 四位简易频率计参考电路原理图

调试要点：

（1）基准信号电路调试。由于基准信号的精度决定本设计电路的测量精度，用示波器或频率计测试基准信号发生器输出频率是否为 1 024 Hz，否则，检查电路接线是否有错、晶体是否误差不符合要求等。

（2）检查控制信号时序关系。用示波器观察各控制信号之间的状态关系，要符合图 4（b）所示的时序关系。

（3）整体电路系统通调。检查电路所有连接线，确保正确无误。

六、编制实训报告

实训报告内容包括：
（1）实训目的；
（2）实训仪器设备；
（3）项目设计功能要求及技术参数；
（4）原理框图；
（5）原理电路图；
（6）元器件清单；
（7）主要收获和体会；
（8）对实训课程的意见和建议。

七、拓展训练

本项目所设计的四位显示简易频率计其输入端只用了反相器作为输入信号整形，因此，对于小信号（输入信号幅值小于 2.5 V）的则无法测量，请读者在被测信号输入电路之前增加信号放大电路和信号衰减电路，使之能够对毫伏级以上甚至几十伏的强信号频率均可进行测量。

实训项目二 寄存器功能测试

一、实训目的

(1) 了解并熟悉寄存器的功能特点。
(2) 掌握寄存器电路的正确使用。

二、实训设备与器件

多媒体课室。安装了 Proteus ISIS 或其他仿真软件。或配备万用表 1 台，直流电源 1 台，逻辑笔 1 支，74LS194 集成电路 2 块，电阻 8 个，发光二极管 8 个，"面包板" 1 块等设备器材。

三、实训内容与步骤

寄存器电路功能测试仿真实验。在多媒体课室随堂完成。

启动仿真软件：

(1) 运行 Proteus ISIS 或其他 EDA 软件，编辑功能测试电路原理图。

(2) 启动仿真，置各开关处于不同的组合状态，观察电路输出端逻辑电平变化情况，填入各测试表格中。分析电路基本功能特点。

寄存器电路逻辑功能测试步骤如下：

寄存器功能测试电路如图 1 所示，$K_1 \sim K_4$ 为并行输入数据设置开关，K_5 是右移串行输入数据设置开关，K_6 是左移串行输入数据设置开关，开关 K_7、K_8 组合用来控制寄存器 74LS194 做并行、左移、右移操作。

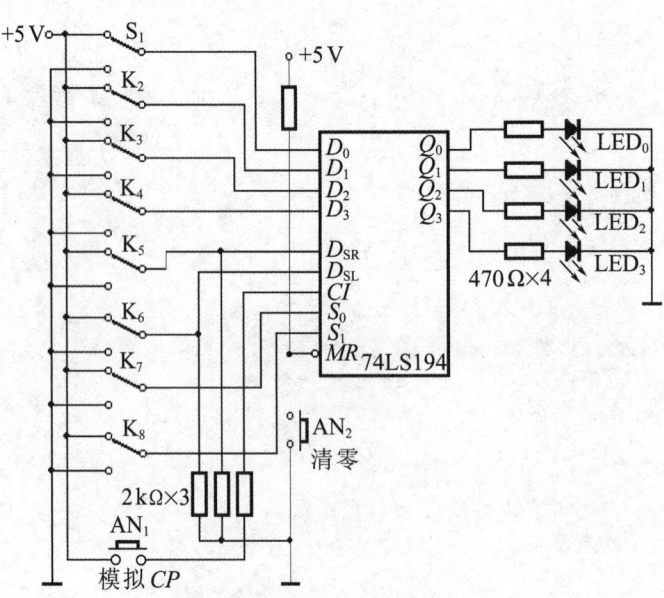

图 1　74LS194 功能测试电路

设置 $S_1 \sim S_8$ 状态，通过按 AN 键（模拟 CP 脉冲，每按一下，等同于输入一个时钟脉冲），观察输出与输入端的电平的变化，将测试结果填入表 1 中，并简述电路的功能特点。

表 1　74LS194 功能测试记录表

$\overline{MR}$	输　入								输　出				工作状态
	S_0	S_1	D_0	D_1	D_2	D_3	D_{SR}	D_{SL}	CP	Q_0	Q_1	Q_2	Q_3	
0	×	×	×	×	×	×	×	×	×	0	0	0	0	置零
1	0	0	×	×	×	×	×	×	↑					保持
	0	1	×	×	×	×	×	0	↑					左移
	1	0	×	×	×	×	0	×	↑					右移
	1	1	d_0	d_1	d_2	d_3	×	×	↑					并行输入

实训项目三 计数器功能测试

一、实训目的
(1) 掌握 74LS161 计数器的功能。
(2) 熟悉七段码显示模块及其驱动集成电路的使用。

二、实训设备与器件
多媒体课室。安装了 Proteus ISIS 或其他仿真软件。配备万用表 1 台,直流电源 1 台,逻辑笔 1 支,集成二进制计数器芯片 74LS161 1 块,2 kΩ 电阻 3 个,按钮开关,实验电路板 1 块等。

三、实训内容与步骤
计数器电路功能仿真实验。

多媒体课室:
(1) 运行 Proteus ISIS 或其他 EDA 软件,编辑功能测试电路原理图。
(2) 启动仿真,置各开关不同组合状态,观察电路输出端逻辑电平变化情况,填入各测试表格中。分析电路基本功能特点。
(3) 计数器电路逻辑功能测试:

74LS161 计数器功能测试仿真如图 1 所示。$S_1 \sim S_4$ 为预置数数据输入设置开关,S_5、S_6 是使能设置开关。

通过按 AN_1 键(模拟 CP 脉冲,每按一下,等同于输入一个时钟脉冲),观察 $S_1 \sim S_6$ 开关不同情况下计数器 74LS161 输出的电平的变化。

做如下各项功能测试,并将测试结果填入表 1 中。

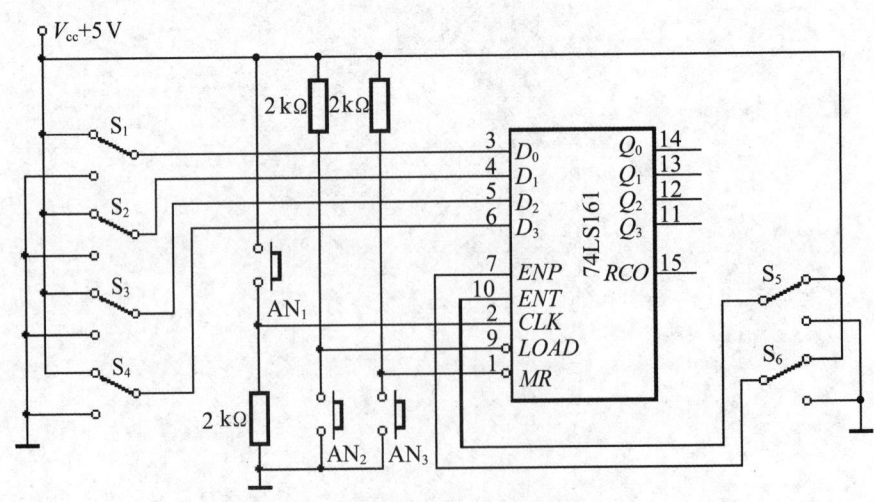

图 1 74LS161 计数器功能测试图

①置数功能测试：将 $S_1 \sim S_4$ 设置为某一状态（如 1010，即 74LS161 输入端 $D_0 \sim D_3$ 为 1010），按一次按钮 AN_2，输出端 $Q_0 \sim Q_3$ 的逻辑电平是否与所置数相同。

②复位功能：按 AN_3，74LS161 输出为 0000。

③计数功能：按动 AN_1，每按一次，74LS161 输出端的二进制数加 1。

④保持功能：将 S_5（或 S_6）或 S_5、S_6 同时置为接地，此时再按动 AN_1，74LS161 不作计数，其输出端是否保持原来的状态。

⑤观察 74LS161 进位端 RCO（IC 第 15 脚）的变化：$S_1 \sim S_4$ 置于接地，S_4、S_5 置于接电源位置，复位清零，74LS161 输出端状态为 0000。按动 AN_1 计数，当按 15 次时，进位端变为 1 电平；按第 16 次时，输出端回到 0000 状态，进位端 RCO 变为 0 电平。74LS161 功能如表 1 所示。

表 1　74LS161 功能表

输入									输出			
$\overline{MR}$	$\overline{LOAD}$	ENT	ENP	CI	D_0	D_1	D_2	D_3	Q_3	Q_2	Q_1	Q_0
0	×	×	×	×	×	×	×	×	0	0	0	0
1	0	×	×	↑	d_0	d_1	d_2	d_3	d_0	d_1	d_2	d_3
1	1	1	1	↑	×	×	×	×	计数			
1	1	0	×	×	×	×	×	×	保持			
1	1	×	0	×	×	×	×	×	保持			

简述电路的功能特点：
_____
_____
_____。

实训项目四　二位可预置数的减法计数电路的设计与制作

一、实训目的
(1) 掌握 74LS192 减法控制和级联。
(2) 熟悉 74LS245 的正确使用。

二、仪器设备
多媒体课室。安装了 Proteus ISIS 或其他仿真软件。
仪器设备：万用表 1 台，直流电源 1 台，逻辑笔 1 支。
器件：IC74LS245 1 片，IC74LS192 2 片，非门电路 74LS04 1 片，470 Ω 电阻 14 个，开关 8 个，按钮开关 1 个，74LS47 2 片，七段码管 2 个，"面包板" 1 块。

三、实训内容与步骤
实训电路如图 1 所示。它由预置数电路、减法计数电路、字符显示译码器和显示电路组成。

实训步骤：
(1) 按照提供的实训电路进行仿真实验。
(2) 按照图 1 绘制电路图。
(3) 安装或在万能电路板或"面包板"上连接电路。
(4) 调试。

四、电路分析，编制实训报告
实训报告内容包括：
(1) 实训目的；
(2) 电路工作原理；
(3) 实训仪器设备；
(4) 元器件清单；
(5) 主要收获和体会；
(6) 对实训课的意见和建议。

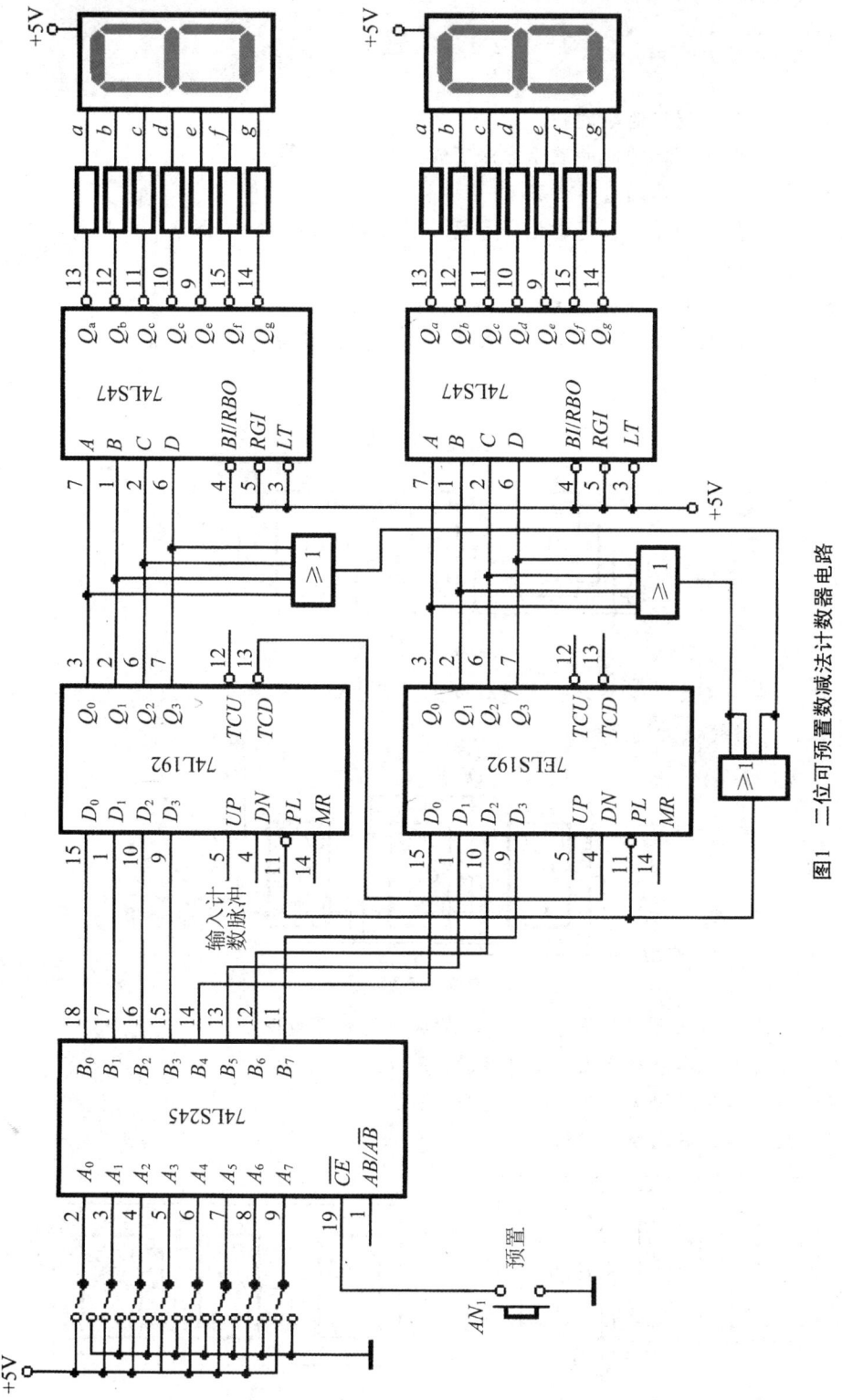

图1 二位可预置数减法计数器电路

习　题

5.1　简述时序逻辑电路的特点。

5.2　时序电路逻辑功能的表示方法有哪几种？

5.3　简述时序电路的分析步骤。

5.4　按功能上的差异，通常把寄存器分成数码寄存器和移位寄存器两大类，简述它们的主要功能和特点。

5.5　简述计数器的分类方法。

5.6　分析习题5.6图所示时序电路的逻辑功能，画出电路的状态图，并说明该电路能否自启动。

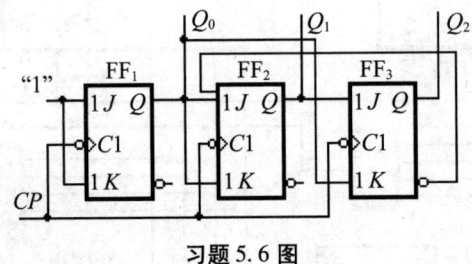

习题5.6图

5.7　分析习题5.7图所示时序逻辑电路，写出电路的驱动方程、状态方程和输出方程，画出电路的状态转换图。

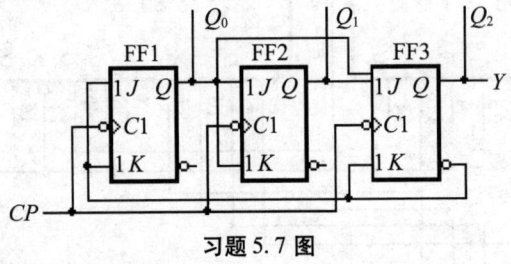

习题5.7图

5.8　如习题5.8图所示是JK触发器构成的计数器电路：

（1）分析各电路分别是几进制计数器；

（2）画出各电路的状态转换图和时序图；

（3）判断各电路能否自启动。

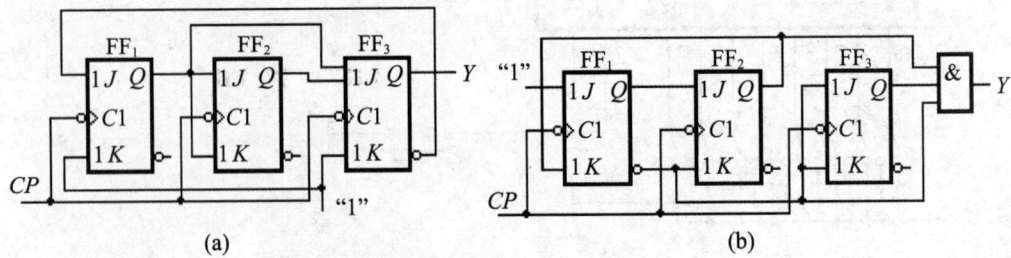

习题5.8图

5.9 分析习题 9 图所示的计数器电路：

(1) 图 (a)、(b) 电路是几进制的计数电路；

(2) 图 (c) 中 $M=1$ 和 $M=0$ 时是几进制计数电路；

(3) 画出各电路的状态转换图。

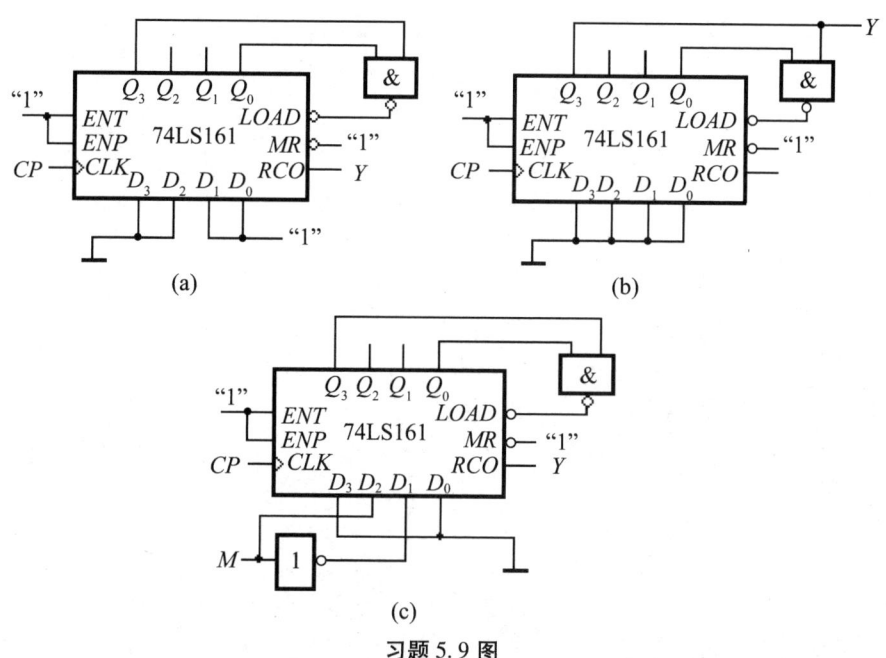

习题 5.9 图

5.10 查阅 74LS93 集成电路相关资料，分析习题 5.10 图所示的电路。说明各电路是多少进制的计数器。

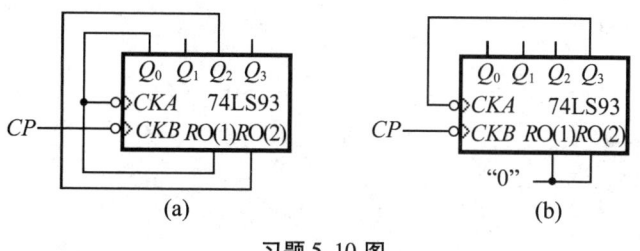

习题 5.10 图

5.11 用中规模集成计数器 74LS161 构成七进制计数器。

(1) 画出状态转换图；

(2) 画出电路连接图。

5.12 判断题（正确的在括号内打√，错误的在括号内打×）。

(1) 用于存放二进制代码的电路称为数码寄存器。一个触发器可以存放 1 位二进制数码，寄存 n 位二进制数码，需要 n 个触发器。（   ）

(2) 将一个二进制计数器与一个五进制计数器相串联，可得到十进制计数器。
（   ）

(3) 异步和同步计数器的计数脉冲都是从最低位至最高位触发器的 CP 脉冲输入端输入的。（ ）

(4) 同一 CP 控制各触发器的计数器称为异步计数器。（ ）

(5) 所有寄存器的工作原理是相似的，只有输入、输出方式上不同。（ ）

第六章 脉冲波形的产生与整形

本章主要介绍矩形脉冲波形的产生和整形电路。首先介绍了555定时器的电路特点；讨论了利用555定时器获得矩形脉冲信号的两种方法：一种是由多谐振荡器直接产生，一种是利用单稳态触发器或施密特触发器对已有波形进行整形和变换成为矩形脉冲。给出了用Proteus 7.1分析用555定时器构成的秒信号发生器的实例。

6.1 概 述

获得矩形脉冲波形的途径通常有两种：一种是利用多谐振荡器直接产生；另一种是通过整形电路对各类周期性变化的波形变换为矩形波脉冲。

在同步时序逻辑电路中，作为时钟信号的矩形脉冲控制着整个系统的工作。所以，时钟脉冲的特性直接关系到整个数字系统能否正常工作。为了定量描述矩形脉冲的特性，通常给出如图6-1中所标注的几个主要参数。

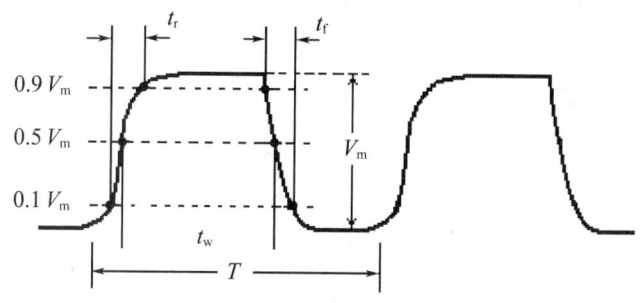

图 6-1 描述矩形脉冲特性的主要参数

脉冲幅度 V_m——脉冲电压的最大变化幅度。

脉冲周期 T——周期性重复的脉冲序列中，两个相邻脉冲之间的时间间隔。

脉冲宽度 t_W——从脉冲前沿到达 $0.5\,V_m$ 起，到脉冲后沿到达 $0.5\,V_m$ 为止的一段时间。

上升时间 t_r——脉冲上升沿从 $0.1\,V_m$ 上升到 $0.9\,V_m$ 所需要的时间。

下降时间 t_f——脉冲下降沿从 $0.9\,V_m$ 下降到 $0.1\,V_m$ 所需要的时间。

占空比 q——脉冲宽度与脉冲周期的比值。

脉冲信号的产生和整形电路种类很多，这里主要介绍用555定时器构成的多谐振荡器、施密特触发器和单稳态触发器。

6.2 555定时器及其应用

6.2.1 555定时器的电路结构与功能

1. 555定时器的电路组成

555定时器的内部结构框图如图6-2（a）所示，它由5个部分组成：分压器（由3个5 kΩ的电阻组成，555由此而得名）、基本RS触发器、两个电压比较器、放电管T和缓冲器。图6-2（b）是集成555定时器的引脚排列图。

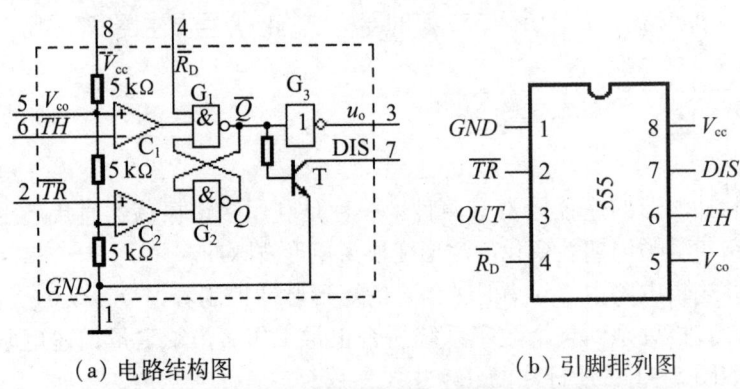

（a）电路结构图　　　　　　（b）引脚排列图

图6-2　555定时器的电路结构图和引脚排列图

2. 555定时器的基本功能

555定时器的基本功能如表6-1所示。

表6-1　555定时器功能表

$\overline{R}_D$	U_{TH}	$\overline{U}_{TR}$	U_o	T
0	×	×	0	导通
1	$< \frac{2}{3}V_{cc}$	$< \frac{1}{3}V_{cc}$	1	截止
1	$> \frac{2}{3}V_{cc}$	$> \frac{1}{3}V_{cc}$	0	导通
1	$< \frac{2}{3}V_{cc}$	$> \frac{1}{3}V_{cc}$	保持	保持

555定时器的基本功能说明如下：

（1）$\overline{R}_D = 0$时，输出电压$U_o = 0$为低电平，放电管T饱和导通。$\overline{R}_D$称为复位端。

（2）$\overline{R}_D = 1$，$U_{TH} < \frac{2}{3}V_{cc}$，$U_{TR} < \frac{1}{3}V_{cc}$时，电压比较器$C_1$输出高电平，$C_2$输出低电平，输出电压$U_o$为高电平，同时放电管$T$截止。

（3）$\overline{R}_D = 1$，$U_{TH} > \frac{2}{3}V_{cc}$，$U_{TR} > \frac{1}{3}V_{cc}$时，电压比较器$C_1$输出低电平，$C_2$输出高电

平，输出电压 U_o 为低电平，同时放电管 T 导通。

(4) $\overline{R}_D = 1$，$U_{TH} < \frac{2}{3}V_{cc}$，$U_{TR} > \frac{1}{3}V_{cc}$ 时，C_1、C_2 均输出高电平，基本 RS 触发器保持原来状态，因此输出电压 U_o、T 也保持原来状态不变。

555 定时器的电源电压范围较大，双极型电路的电源电压为 $V_{cc} = 5 \sim 16$ V，CMOS 电路的电源电压 $V_{DD} = 3 \sim 18$ V。

6.2.2　用 555 定时器构成多谐振荡器

多谐振荡器是能产生矩形脉冲的自激振荡器，当电路连接好后，只要接通电源，在其输出端便可获得矩形脉冲信号，由于矩形脉冲中除基波外还含有很丰富的高次谐波，故人们把这种电路叫做多谐振荡器。另一方面，由于多谐振荡器产生的脉冲波形具有高、低电平两种状态并交替转换，称为两个暂稳态，因为没有稳定状态，故又称为无稳态电路。

1. 电路组成及工作特性

图 6-3 (a) 所示是用 555 定时器构成的多谐振荡器。图中，R_1、R_2、C 是外接定时元件，R_2 又是放电电阻，C_1 用于防干扰，大部分情况下可不接。

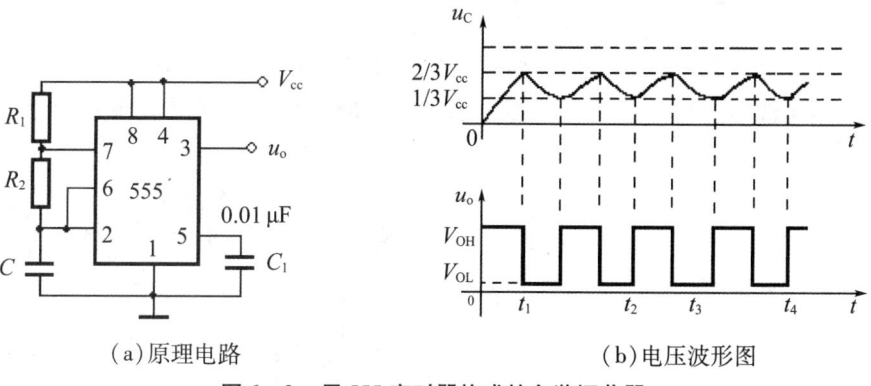

(a) 原理电路　　　　　　　　　　(b) 电压波形图

图 6-3　用 555 定时器构成的多谐振荡器

当接通电源后，V_{cc} 将通过 R_1、R_2 对 C 充电，当 U_C 电压上升到 $U_C = \frac{2}{3}V_{cc}$ 时，定时器输出 $U_o = 0$，同时，放电管 T 导通，电容 C 经 R_2、T 放电，使 U_C 电压下降。当 $U_C < \frac{1}{3}V_{cc}$ 时，输出 U_o 变为高电平 1，同时，T 截止，V_{cc} 又通过 R_1、R_2 对 C 重新充电，如此重复以上过程，获得如图 6-3 (b) 所示矩形波输出。

其振荡周期 T 由电容 C 的充电时间 T_1 和放电时间 T_2 决定，即为：
$$T = T_1 + T_2 = 0.7(R_1 + R_2)C + 0.7R_2C = 0.7(R_1 + 2R_2)C$$

多谐振荡器具有如下特点：

(1) 没有稳态，只有两个暂稳态。

(2) 不需外加触发信号，电路会自动由一个暂稳态翻转到另一个暂稳态。

(3) 振荡周期与电路的阻容元件参数有关。

2. 多谐振荡器应用实例

图 6-4 所示是用两片 555 定时器设计的救护车报警电路,两片 555 定时器各自构成一个多谐振荡器,其设计思路是用一个低频振荡器去控制高频振荡器。

由于 A_1 的输出端接在 A_2 的控制端,故高频振荡器 A_2 的振荡频率就受低频振荡器 A_1 的调制。当 A_1 输出高电平时,A_2 的振荡频率就低,当 A_1 输出低电平时,A_2 的振荡频率就高,致使扬声器发出高低相间、周而复始的"滴都,滴都……"的报警声。

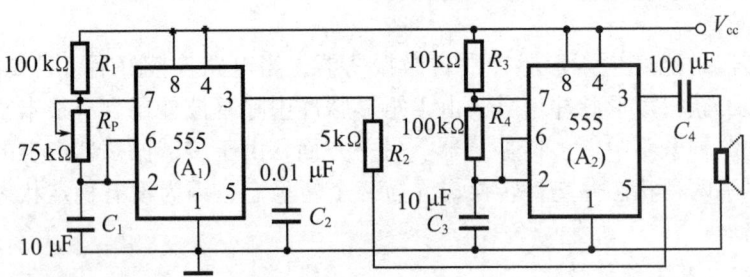

图 6-4 救护车报警电路

6.2.3 用 555 定时器构成施密特触发器

施密特触发器在脉冲的产生和整形电路中应用非常广泛。因为它不但可以把变化非常缓慢的信号波形整形为数字电路需要的矩形脉冲,而且由于具有滞回特性,抗干扰能力很强。

1. 电路组成及工作特性

图 6-5(a)是用 555 定时器构成的施密特触发器。图 6-5(c)是当输入电压 u_i 为三角波时的工作波形,其工作过程分析如下:

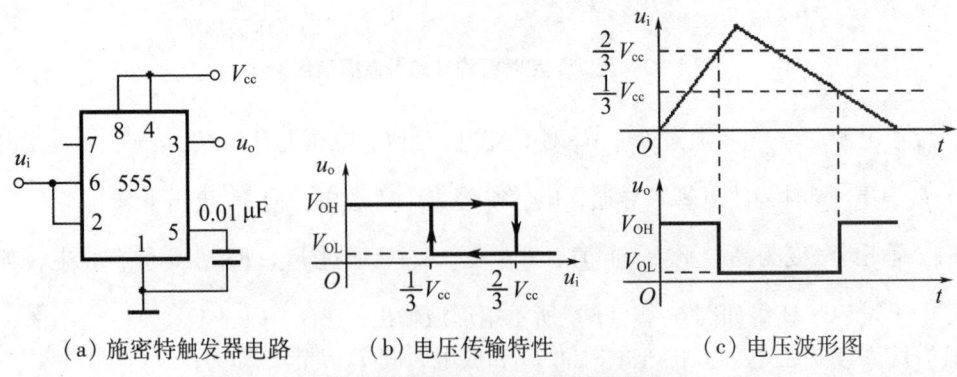

(a) 施密特触发器电路   (b) 电压传输特性   (c) 电压波形图

图 6-5 用 555 定时器构成的施密特触发器

当输入电压 u_i 从 0 逐渐升高的过程:

当 $u_i < \frac{1}{3}V_{cc}$ 时,则 $U_{TH} < \frac{2}{3}V_{cc}$,$U_{TR} < \frac{1}{3}V_{cc}$。由 555 定时器的功能表知,$u_o = 1$。

当 $\frac{1}{3}V_{cc} < u_i < \frac{2}{3}V_{cc}$ 时，仍保持 $u_o = 1$。

当 u_i 上升至 $u_i > \frac{2}{3}V_{cc}$ 以后，则 $U_{TH} > \frac{2}{3}V_{cc}$，$U_{TR} > \frac{1}{3}V_{cc}$。由 555 定时器的功能表知，$u_o = 0$。

当 u_i 从高于 $\frac{2}{3}V_{cc}$ 开始下降的过程：

当 $U_{TH} < \frac{2}{3}V_{cc}$，$U_{TR} < \frac{1}{3}V_{cc}$，$u_o = 0$ 不变。

当 u_i 下降到 $u_i < \frac{1}{3}V_{cc}$ 以后，$u_o = 1$。

综上所述可知，施密特触发器具有如下特点：
（1）有两个稳定的输出状态，即高电平和低电平；
（2）滞回特性。

如图 6-5（b）所示电压传输特性是滞回特性形象而直观的反映。说明了电路两个稳态转换的触发电平不同，当 u_i 由 0 上升到 $\frac{2}{3}V_{cc}$ 时，u_o 由 1 跳变到 0，但是 u_i 由 V_{cc} 下降到 $\frac{2}{3}V_{cc}$ 时 $u_o = U_{OL}$ 却不改变，只有当 u_i 下降到 $\frac{1}{3}V_{cc}$ 时，u_o 才会由 0 跳变到 1。我们把 $U_{T+} = \frac{2}{3}V_{cc}$ 叫做上限阈值电压，用 U_{T+} 表示；把 $U_{T-} = \frac{1}{3}V_{cc}$ 叫做下限阈值电压，用 U_{T-} 表示；把 $U_{T+} - U_{T-}$ 称为回差电压，又叫滞回电压。回差电压越大，电路的抗干扰能力越强。

2. 施密特触发器应用举例

利用施密特触发器的滞回特性可将正弦波、受干扰的不规则的三角波整形为规则矩形波。如图 6-6 所示。

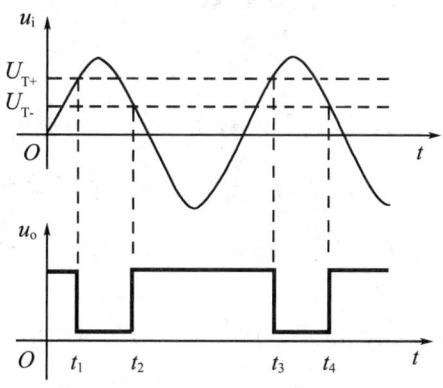

（a）将正弦波变为矩形波

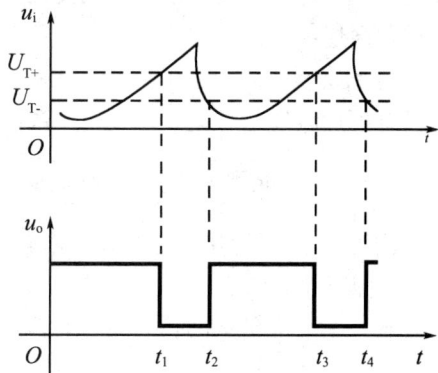

（b）将不规则的矩形波整形为规则的矩形波

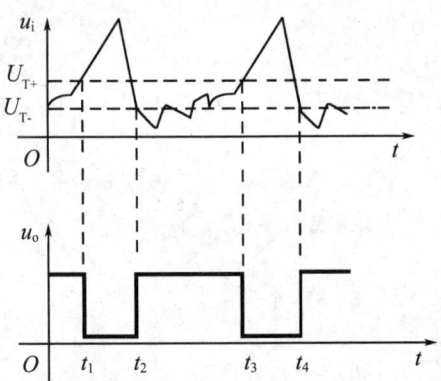

(c) 对输入的随机脉冲幅度进行鉴别

图 6-6 施密特触发器的应用

6.2.4 用 555 定时器构成单稳态触发器

单稳态触发器具有如下特点：
（1）它有两个不同的工作状态：稳态和暂稳态。
（2）在外来触发脉冲的作用下，能够由稳定状态翻转到暂稳状态，暂稳状态维持一段时间后，再自动返回到稳定状态。
（3）暂稳状态维持时间的长短，与触发脉冲的宽度和幅度无关，仅取决于电路本身的参数。

1. 用 555 定时器构成的单稳态触发器的电路组成及其工作特性

用 555 定时器构成的单稳态触发器如图 6-7 所示。R、C 是定时元件，输入触发信号 u_i 加到 555 定时器的低电平触发端 $\overline{TR}$（2 脚，下降沿有效）；高电平触发端 TH（6 脚）与放电端（7 脚）连在一起，再与定时元件 R、C 相接；u_o 是输出信号。

工作过程简述如下：
（1）稳定状态。

如果没有外加触发信号时，u_i 处于高电平，接通电源后，V_{cc} 经 R 对 C 进行充电，当电容 C 上的电压 u_C 充到 $\frac{1}{3}V_{cc}$，而在此时 u_i 为高电平，且 $u_i > \frac{2}{3}V_{cc}$，根据 555 定时器功能表，输出 u_o 将保持 0 状态不变。电路工作在稳定状态。稳态时，$u_C = 0$，$u_o = 0$。

（2）触发进入暂稳态。

当输入有一个外部负脉冲信号 u_i 由高电平跳变到低电平，由于 $u_C = 0$，因此出现 $U_{TH} < \frac{2}{3}V_{cc}$，$U_{TR} < \frac{1}{3}V_{cc}$，555 定时器输出高电平，$u_o = 1$。同时放电管 T 截止，电路进入暂稳态，定时开始。

在暂稳态期间，电容 C 充电，充电回路是 $V_{cc} \rightarrow R \rightarrow C \rightarrow$ 地，时间常数为 $\tau = RC$，u_C 按指数规律上升。

(3) 自动返回稳定状态。

当 u_C 上升到 $\frac{2}{3}V_{cc}$ 时，由于 $U_{TH} > \frac{2}{3}V_{cc}$，$U_{TR} > \frac{1}{3}V_{cc}$，故555定时器输出由高电平变为低电平，放电管 T 由截止变为饱和导通，暂稳态结束，电路返回稳定状态。电容 C 经放电管 T 放电至0 V，待 C 放电完毕，由于放电管饱和导通的等效电阻较小，所以放电速度很快，在这个阶段输出 u_o 维持低电平。

电路返回稳态后，当下一个触发信号到来时，又重复上述过程。

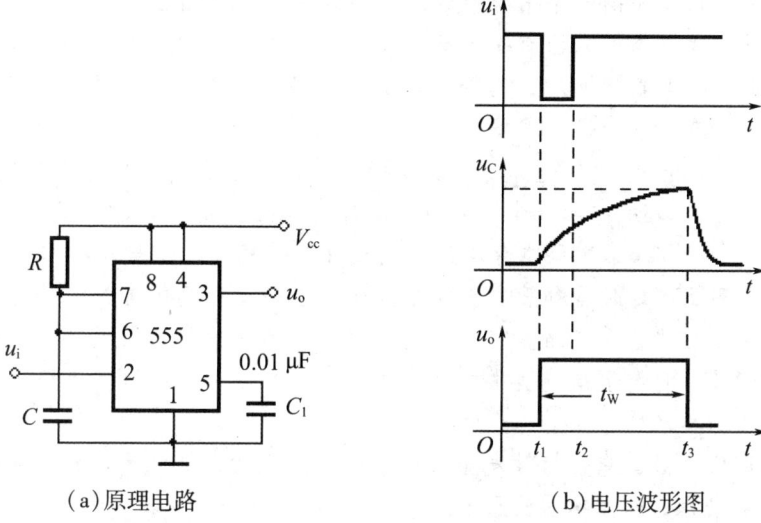

(a) 原理电路　　　　(b) 电压波形图

图6-7　用555定时器构成的单稳态触发器

由图6-7 (b) 可见，输出脉冲的宽度 t_W 为电容 C 上的电压由0充至 $\frac{2}{3}V_{cc}$ 所需的时间，其大小可按下式计算：

$$t_W = RC \ln 3 \approx 1.1RC$$

由上式可知，输出脉冲宽度 t_W 的大小决定于外接元件 R、C 值的大小，而与输入的触发信号脉冲宽度、电源电压的大小无关，调节 R、C 的参数值，可以改变输出的脉冲宽度。

2. 单稳态触发器应用举例

在数字系统和装置中，单稳态触发器一般被用于定时（产生一定宽度的方波）、整形（把不规则的波形变换成宽度、幅度都符合数字系统所要求的脉冲波形），以及延时（将输入信号延迟一定的时间之后输出）等。

图6-8所示就是单稳态触发器整形的一个实例。

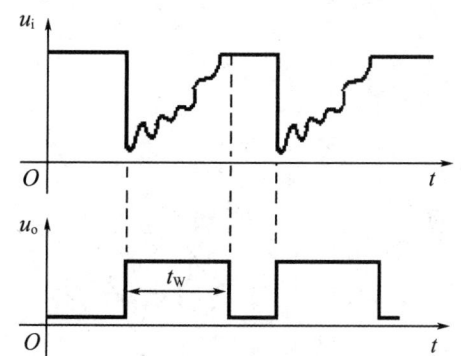

图6-8　单稳态触发器整形应用实例

本章小结

555定时器应用灵活,性能优越且价格低廉,在电子产品的制作中被人们广泛使用。在实际应用中只要适当改变其外接电路,增加少量器件就能得到多种多样的应用电路,如单稳态触发器、多谐振荡器和施密特触发器。

施密特触发器有两个稳定状态,有两个不同的触发电平,因此,其具有回差特性。它的两个稳态是靠两个不同电平来维持的,输出脉冲的宽度由输入信号的波形和回差电压的大小决定。单稳态触发器有一个稳态和一个暂稳态。输入信号只起到触发电路进入暂稳态的作用,其输出脉冲的宽度只取决于电路本身的定时元件R和C,改变R和C的数值可以调节输出脉冲的宽度。

产生脉冲波形的电路有两类:一类是多谐振荡器。它们不需要外界的输入信号,只要加上直流电源,就可以自动地产生矩形脉冲,没有稳定状态,只有两个暂稳态。暂稳态间的相互转换完全靠电路本身电容的充放电自动完成,改变R和C的数值可以调节振荡频率。用555定时器和石英晶体振荡器产生多谐振荡的方法,具有典型的应用意义。另一类是脉冲整形电路。它们不能自动产生脉冲信号,但可以把其他形状的信号变换为矩形波,为数字系统提供所需要的矩形脉冲信号。在这类电路中,我们介绍了施密特触发器和单稳态触发器。

在分析多谐振荡器、施密特触发器、单稳态触发器时,借助于计算机辅助分析软件Proteus 7.1的应用,采用的是波形分析法。

*实训项目一 555定时器基本功能测试

一、实训目的

（1）了解555定时器电路的结构、功能和特性。
（2）掌握时基电路555的正确使用方法。
（3）掌握用555定时器构成的单稳态触发器、施密特触发器、多谐振荡器的电路特点。

二、实训设备与仪器

（1）多媒体课室。安装Proteus ISIS或其他仿真软件。
（2）示波器1台，信号发生器1台，万用表1台，直流电源1台，逻辑笔1支，555芯片1块，2个10 k的电位器，0.01 μF的电容1个，万能电路板或"面包板"1块等。

三、实训内容与步骤

555时基电路的功能测试。实训电路如图1所示。

（1）启动Proteus ISIS软件或其他虚拟仿真软件，在ISIS编辑窗口绘制图1所示电路图。
（2）仿真，进行电路功能测试。调节RW_1、RW_2，观察LED_1、LED_2的亮、灭情况。填写在表1中。

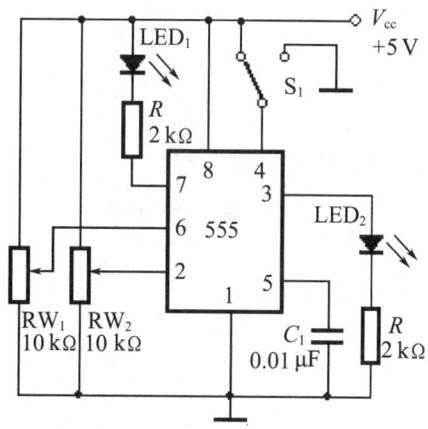

图1 555时基电路的功能测试电路图

表1 555时基功能测试结果记录表

输　入			输　出			
阈值电压 U_H IC⑥脚	触发电压 U_R IC②脚	复位 IC④脚	输出 IC③脚	放电管 IC⑦脚	LED_1	LED_2
×	×	0				
$>\dfrac{2U_{CC}}{3}$	$>\dfrac{U_{CC}}{3}$	1				
$>\dfrac{2U_{CC}}{3}$	$<\dfrac{U_{CC}}{3}$	1				
$<\dfrac{2U_{CC}}{3}$	$>\dfrac{U_{CC}}{3}$	1				

实训项目二 555 定时器的典型应用

一、实训目的

进一步熟悉和掌握用 555 定时器构成施密特触发器、多谐振荡器电路的原理;掌握振荡电路中心频率的理论计算方法。

二、实训设备与器件

设备:直流电源(+5 V)1 台,示波器 1 台,频率计 1 台,万用表 1 个,万能电路板或"面包板"1 个。

元件:555 时基 1 片,电阻、电容若干。

三、技术要求

输出信号频率为:1 ± 0.2 Hz。

四、实训步骤

1. 555 时基电路构成施密特触发器

实训电路如图 1(a)所示。

运行 Proteus ISIS 软件或其他仿真软件,绘制图 1(a)电路图,启动仿真。仿真电路波形如图 1(b)所示。

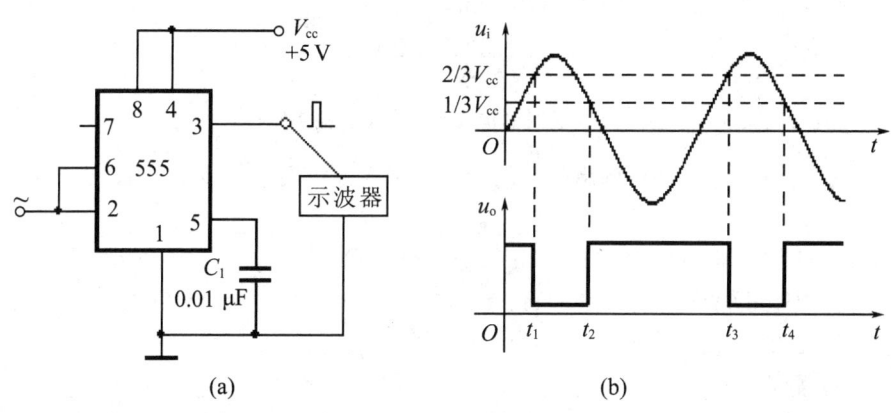

图 1 555 时基电路构成施密特触发器

2. 555 时基电路构成多谐振荡器

实训电路如图 2(a)所示。

运行 Proteus ISIS 软件或其他仿真软件,绘制图 2(a)电路图,启动仿真。仿真电路波形如图 2(b)所示。

调节电位器 RP,观察输出波形的变化情况。

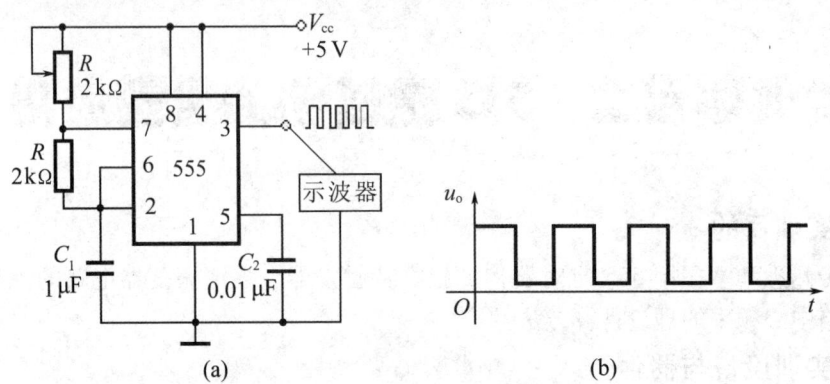

图2 555时基电路构成多谐振荡器

3. 555定时器构成秒信号发生器电路设计、测试

原理图如图3所示。

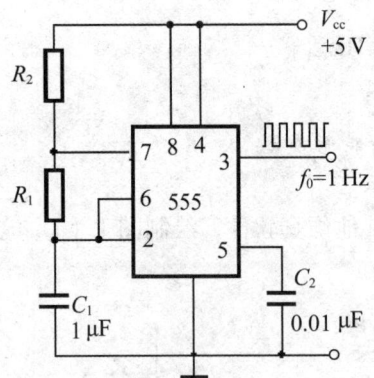

图3 555定时器构成秒信号发生器电路

(1) 确定电路参数。电路输出脉冲的周期计算关系式为:
$$T = T_1 + T_2 = 0.7(2R_1 + R_2) \cdot C$$

由 $f = 1\ Hz$ 得:$T = 1\ s$,令 $C_1 = 10\ \mu F$,$R_1 = 39\ k\Omega$,则 $R_2 = 51\ k\Omega$。

取一固定电阻 $47\ k\Omega$ 与一个 $10\ k\Omega$ 的电位器 R_W 相串联代替电阻 R_2。在调试电路时,调节电位器 R_W,使输出脉冲周期为 $1\ s$。

(2) 电路测试。

制作印制电路板、安装元器件进行测试或用 ISIS 仿真软件测试。这里介绍用 ISIS 仿真软件进行测试过程。

① 根据图3电路绘制电路图。

② 仿真。用示波器观察输出波形,粗略读出电路输出波形频率;用频率计测量电路输出波形的频率,微调 R_W,使电路输出频率为 $1\ Hz$。

在测试过程中,可以修正电阻、电容器参数,观察输出波形频率、占空比的变化,掌握占空比为 50% 的各项参数调整方法。

*实训项目三 十字路口交通信号灯定时控制系统的设计、安装与调试

一、设计任务和基本要求

1. 设计任务

设计一个十字路口交通信号灯定时控制系统。

2. 技术指标要求

(1) 主、支干道交替通行,主干道每次放行 30 s,支干道每次放行 20 s。

(2) 绿灯亮表示可以通行,红灯亮表示禁止通行。

(3) 每次绿灯变红灯时,黄灯先亮 5 s(此时另一干道上的红灯不变)。

(4) 十字路口要有数字显示,作为时间提示,以便人们更直观地把握时间。具体要求主、支干道通行时间及黄灯亮的时间均以秒为单位作减计数。

(5) 在黄灯亮时,原红灯按 1 Hz 的频率闪烁。

(6) 要求主、支干道通行时间及黄灯亮的时间均可在 0 ~ 99 s 内任意设定。

二、设计方案

按照设计任务和设计技术指标要求,十字路口交通信号灯定时控制系统组成框图如图 1 所示。

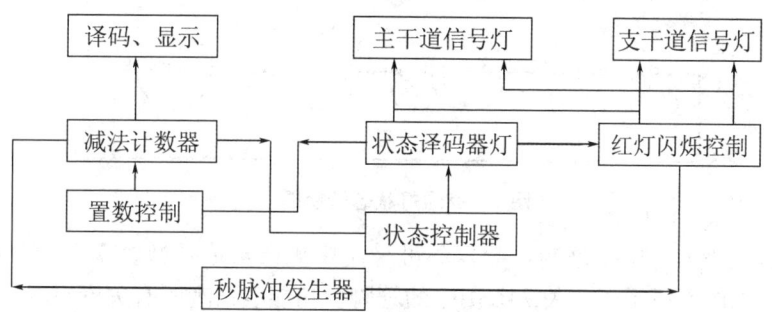

图1 交通灯控制系统工作框图

状态控制器主要用于记录十字路口交通灯的工作状态,通过状态译码器分别点亮相应状态的信号灯。秒信号发生器产生整个定时系统的时基脉冲,通过减法计数器对秒脉冲减计数,达到控制每一种工作状态的持续时间。减法计数器的回零脉冲使状态控制器完成状态转换,同时状态译码器根据系统下一个工作状态决定计数器下一次减计数的初始值。减法计数器的状态由 BCD 译码器译码、LED 数码管显示。在黄灯亮期间,状态译码器将秒脉冲引入红灯控制电路,使红灯闪烁。

三、电路设计

1. 状态控制器

根据设计要求,各信号灯的工作顺序流程如图 2 所示。信号灯四种不同的状态分

别用 S_0（主绿灯亮，支红灯亮）、S_1（主黄灯亮，支红灯闪烁）、S_2（主红灯亮，支绿灯亮）、S_3（主红灯闪烁，支黄灯亮）表示，其状态编码及状态转换图如图3所示。

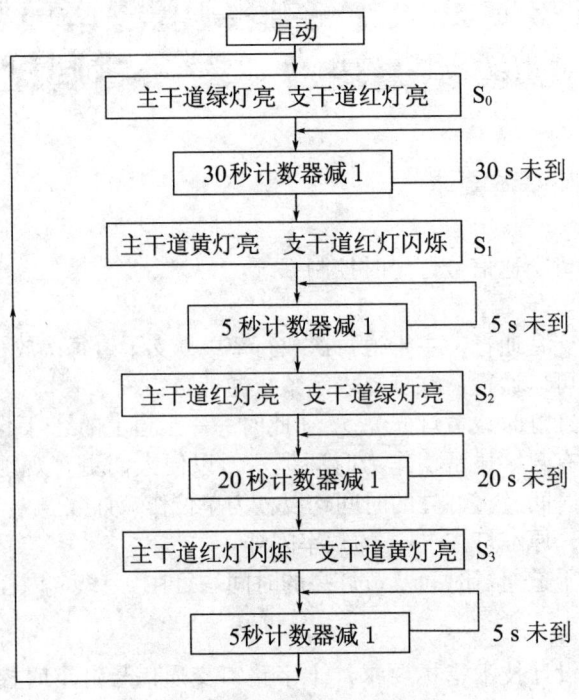

图2　交通灯顺序工作流程图

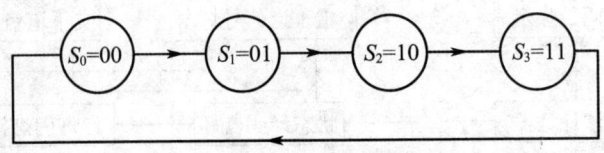

图3　交通灯状态转换图

显然，这是一个二位二进制计数器。可采用中规模集成计数器74LS163构成状态控制器，电路如图4所示。有关74LS163的管脚及功能表请查阅有关资料。

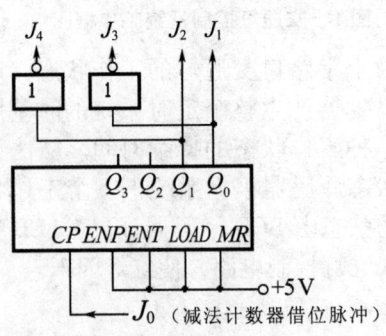

图4　交通灯状态控制图

2. 状态译码器

主、支干道上红黄、绿信号灯的状态主要取决于状态控制器的输出状态。它们之间的关系见表1。对于信号灯的状态，"1"表示灯亮，"0"表示灯灭。

表1 信号灯信号真值表

状态控制器输出		主干道信号灯			支干道信号灯		
Q_1	Q_0	R（红）	Y（黄）	G（绿）	r（红）	y（黄）	g（绿）
0	0	0	0	1	1	0	0
0	1	0	1	0	1	0	0
1	0	1	0	0	0	0	1
1	1	1	0	0	0	1	0

根据真值表，可求出各信号灯的逻辑函数表达式为：

$R = Q_1 \overline{Q_0} + Q_1 Q_0 = Q_1$ $\qquad \overline{R} = \overline{Q_1}$

$Y = \overline{Q_1} Q_0$ $\qquad \overline{Y} = \overline{\overline{Q_1} Q_0}$

$G = \overline{Q_1} \overline{Q_0}$ $\qquad \overline{G} = \overline{\overline{Q_1} \overline{Q_0}}$

$r = \overline{Q_1} \overline{Q_0} + \overline{Q_1} Q_0 = \overline{Q_1}$ $\qquad \overline{r} = \overline{\overline{Q_1}} = Q_1$

$y = Q_1 Q_0$ $\qquad \overline{y} = \overline{Q_1 Q_0}$

$g = Q_1 \overline{Q_0}$ $\qquad \overline{g} = \overline{Q_1 \overline{Q_0}}$

现选择半导体发光二极管模拟交通灯，由于门电路的带灌电流的能力一般比带拉电流的能力强，要求门电路输出低电平时，点亮相应的发光二极管。故状态译码器的电路组成如图5所示。

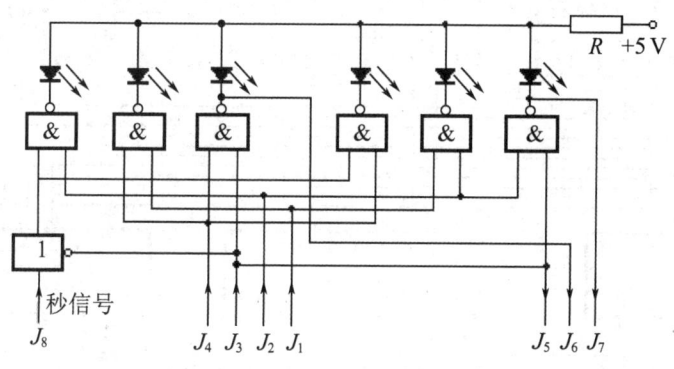

图5 交通灯状态显示电路

根据设计任务要求，当黄灯亮时，红灯应按1 Hz的频率闪烁。从状态译码器真值表中看出，黄灯亮时，Q_1必为高电平；而红灯点亮信号与Q_1无关。现利用Q_1信号去控制一三态门电路74LS125（或模拟开关），当Q_1为高电平时，将秒信号脉冲引到驱动红灯的与非门的输入端，使红灯在黄灯亮期间闪烁；反之将其隔离，红灯信号不受黄灯信号的影响。

3. 定时系统

根据设计要求，交通灯控制系统要有一个能自动装入不同定时时间的定时器，以完成 30 s、20 s、5 s 的定时任务。该定时器由两片 74LS163 构成的二位十进制可预置减法计数器完成；时间状态由两片 74LS47 和两只 LED 数码管对减法计数器进行译码显示；预置到减法计数器的时间常数通过三片 8 路双向三态门 74LS245 来完成。三片 74LS245 的输入数据分别设置为 30、20、5 三个不同的数字，任一输入数据到减法计数器的置入由状态译码器的输出信号控制不同 74LS245 的选通信号来实现。例如当状态控制器在 S_1（$Q_2Q_1=01$）或在 S_3（$Q_2Q_1=11$）时，要求减法计数器按初值 5 开始计数，故采用 S_1、S_2 为逻辑变量而形成的控制信号 Q_1 去控制置数为数字 5 的 74LS125 的选通信号。由于 74LS125 选通信号低电平有效，故 Q_1 经一级反相器后输出接至相应 74LS125 的选通信号。同样，用主干道绿灯信号 G 控制置数为数字 30 的 74LS125 的选通信号，支干道绿灯信号 g 控制置数为数字 20 的 74LS125 的选通信号。所设计的定时系统见图 6 所示。

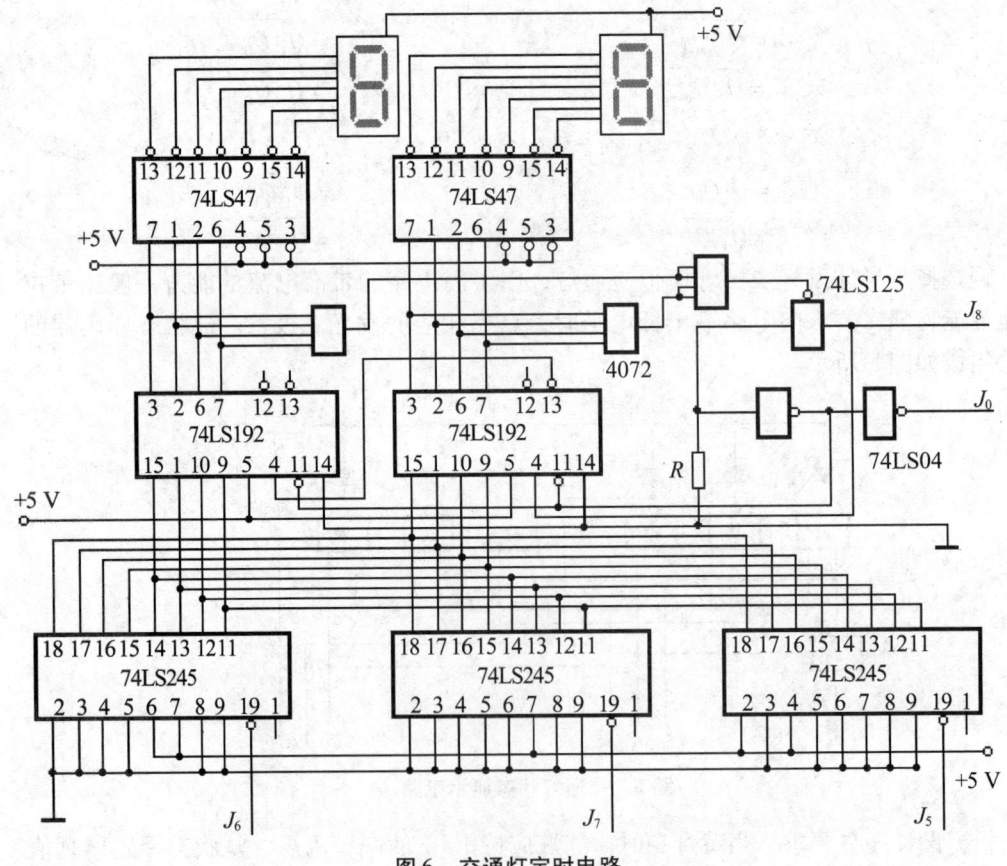

图 6　交通灯定时电路

4. 秒信号产生器

产生秒信号的电路有多种形式，图 7 是利用 555 定时器组成的秒信号发生器（本章实训项目二中已做介绍)。因为该电路输出脉冲的周期为:$T = 0.7(R_2 + 2R_1) \cdot C$,若 $T = 1$ s,令 $C = 10$ μF,$R_1 = 39$ kΩ,则 $R_2 = 51$ kΩ。取一固定电阻 47 kΩ 与一个 5 kΩ 的电位器相串联代替电阻 R_2。在调试电路时,调节电位器 RW,使输出脉冲周期为 1 s(对占空比无要求)。

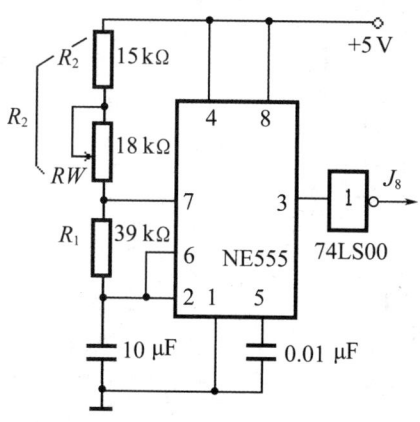

图 7　555 定时器组成的秒信号发生器

四、实训设备与器件

多媒体课室。安装了 Proteus ISIS 或其他仿真软件。

仪器设备:示波器 1 台,信号发生器(正弦信号、三角波信号、方波信号)1 台,万用表 1 台,直流电源 1 台,逻辑笔 1 支。

器件:六非门 74LS04 1 片,二 - 4 输入或门 4072 2 片,四 - 2 输入或门 74LS32 2 片,时基电路 NE555 1 片,74LS245 3 片,74LS161 1 片,74LS192 2 片,74LS47 2 片,三态门电路 74LS125 1 片,LED 发光二极管 6 个,电阻、电容一批,覆铜板和三氯化铁(或"面包板")等。

五、安装调试

把各个单元电路互相连接,十字路口交通信号灯定时控制系统整体电路如图 8 所示。在仿真调试、验证的基础上,制作 PCB、安装,接入电源进行电路调试。

调试要点:

首先调试秒信号发生器。用示波器监视秒信号发生器的输出,调节电位器 RW,使输出信号的周期为 1 s。

直接将秒信号引入状态控制器脉冲输入端,在该脉冲作用下,模拟主、支干道的三色信号灯应按要求依次转换,否则应查找原因。

将秒信号引入定时系统电路脉冲输入端,在秒脉冲作用下,将三个 74LS125 的置数选通端依次接地,计数器应以三个不同的置数输入为进制体制,完成减法计数,两位数码管应有相应的显示。否则应查找原因。

整体电路系统通调。

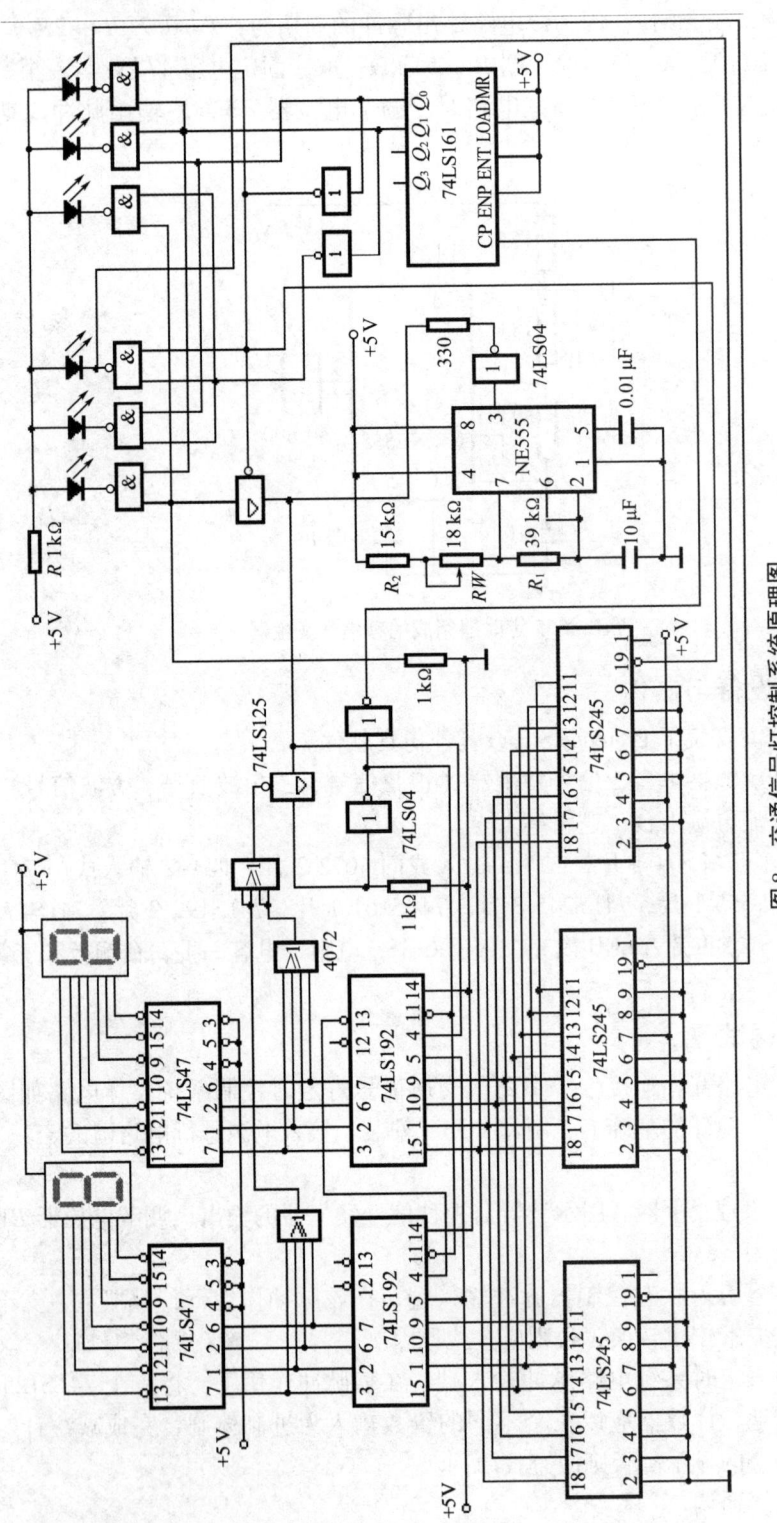

图8 交通信号灯控制系统原理图

六、电路分析及编制实训报告

实训报告内容包括：

(1) 实训目的；

(2) 实训仪器设备；

(3) 项目设计功能要求及技术路线；

(4) 原理框图；

(5) 原理电路图；

(6) 电路工作原理；

(7) 元器件清单；

(8) 主要收获和体会；

(9) 对实训课的意见和建议。

习 题

6.1 简述多谐振荡器电路的工作特性。

6.2 简述施密特触发器的工作特性。

6.3 简述单稳态电路的工作原理。

6.4 555 组成的施密特触发器电路如习题 6.4 图所示,已知输入 u_i 波形如图(b)所示,画出 u_o 的波形。

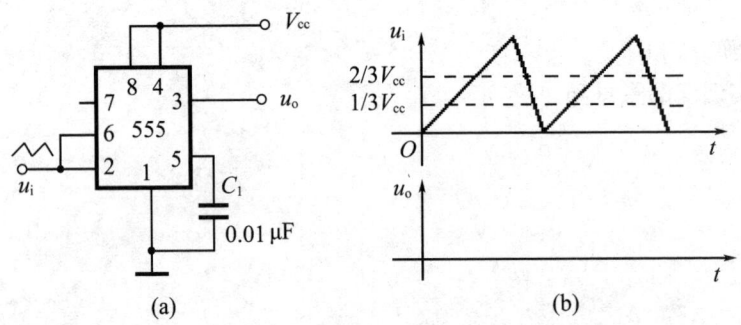

习题 6.4 图

6.5 555 组成的多谐振荡器电路如习题 6.5 图所示,完成下列两题:

(1) 计算其振荡频率;

(2) 画出 u_c 及 u_o 的波形。

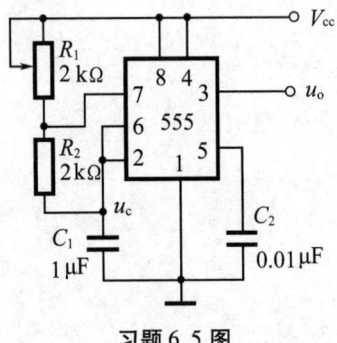

习题 6.5 图

6.6 分析习题6.6图所示电路，试说明电路的工作原理。

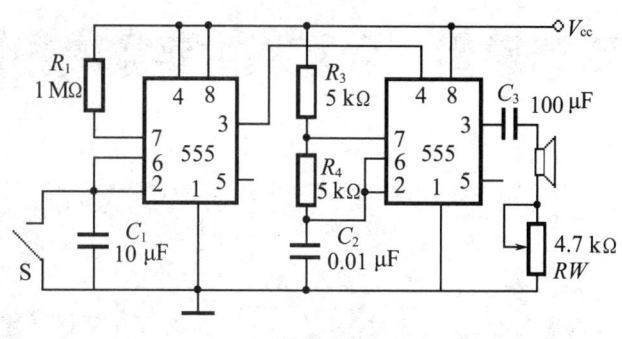

习题6.6图

6.7 判断题（正确的在括号内打√，错误的在括号内打×）。

(1) 单稳态触发器的输出状态只有一个稳态。(　　)

(2) 施密特触发器常用于脉冲整形与变换。(　　)

(3) 555的电源电压 U_{cc} 取值范围较大，双极型定时器电路为 $0 \sim 5$ V，CMOS 电路的电源电压 $V_{DD} = 3 \sim 18$ V。(　　)

(4) 用555构成的单稳态触发器的暂稳态维持时间 T_w 为 $1.1RC$。(　　)

(5) 555构成的单稳态触发器的触发脉冲宽度 T_1 与暂稳态维持时间 T_w 之间应满足 $T_1 = T_w$。(　　)

(6) 555定时器属于时序逻辑电路。(　　)

(7) 用555构成的施密特触发器的回差电压 ΔU_T 为 $1/3\ V_{cc}$。(　　)

(8) 555定时器的最基本应用有多谐振荡器、施密特触发器、单稳态电路等三种类型。(　　)

(9) 555定时器按内部器件分，有双极型和CMOS两大类。(　　)

(10) 用555构成的施密特触发器的两个阈值电压分别是 $1/3\ V_{cc}$ 和 $2/3\ V_{cc}$。
(　　)

(11) 在应用中，555定时器的第4号引脚都是直接接地的。(　　)

学习情境四　大规模数字集成器件

教学任务：

（1）介绍半导体存储器的基本概念（存储器地址、存储单元、字、位、读、写、编程、擦除、存储容量）；

（2）介绍 ROM、RAM 的基本结构和工作原理；

（3）介绍 ROM 的典型应用：实现组合逻辑函数；

（4）介绍 RAM 存储容量的扩展方法。

学习目标：

（1）了解各类存储器的基本结构和使用方法；

（2）了解各类存储器的功能特点及其应用场合；

（3）理解可编程存储器的编辑原理；

（4）了解 PLD 的结构、图形符号及其意义和应用。

教学实施：

课堂教授、仿真演示、学生仿真实验：

（1）在多媒体课室实施，教师课堂讲授、仿真演示；

（2）学生动手仿真实验验证结论或记录仿真结果，深化理解理论知识；

（3）学生分组练习、讨论、总结归纳，教师点评，消化吸收课堂学习的知识点。

第七章 存储器与可编程逻辑器件

半导体存储器是大多数数字系统和计算机中的重要组成部分，本章介绍了大规模集成电路中常用的随机存储器（RAM）和只读存储器（ROM）的特点及其应用；还概要地介绍了可编程逻辑器件 PLD 的基本知识。

7.1 概　述

半导体存储器是一种通用型大规模集成器件（LSI）。它具有容量大、存储速度快、耗电少、体积小、成本低、可靠性高等优点，是大多数数字系统和计算机中不可缺少的重要组成部分。

半导体存储器按采用元件的类型不同，分为 TTL 和 MOS 型存储器两大类；按功能不同，可分为随机存储器（Random Access Memory，简称 RAM）和只读存储器（Read-Only Memory，简称 ROM）两大类。

7.2 存储器及其应用

7.2.1 随机存储器（RAM）

随机存储器 RAM，也称为读/写存储器。RAM 工作时可以随时从任何一个指定地址读出数据，也可以随时将数据写入任何一个指定的存储单元中，其优点是读写方便，使用灵活。但一旦断电，所有存储在 RAM 中的数据将立即丢失。

RAM 是数字计算机的重要记忆部件，用于暂时存放数据或指令。RAM 在计算机中主要用来存放用户程序、计算的中间结果以及外部交换信息等。计算机的内存条就属于 RAM。

一、RAM 的结构

RAM 由存储矩阵、地址译码器、读/写控制器、输入/输出、片选控制等几部分组成。

（1）存储矩阵。如图 7-1 所示，RAM 的核心部分是一个寄存器矩阵，用来存储信息，称为存储矩阵。

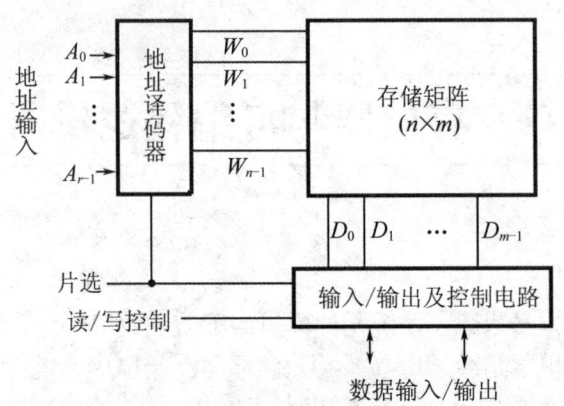

图 7-1　RAM 的结构示意图

（2）地址译码器。地址译码器的作用是将寄存器地址所对应的二进制数译成有效的行选信号和列选信号，从而选中该存储单元。

（3）读/写控制器。访问 RAM 时，对被选中的寄存器进行读操作还是进行写操作，是通过读写信号来进行控制的。读操作时，被选中单元的数据经数据线、输入/输出线传送给 CPU（中央处理单元）；写操作时，CPU 将数据经输入/输出线、数据线存入被选中单元。一般 RAM 的读/写控制线高电平为"读"操作，低电平为"写"操作；也有的 RAM 芯片的读、写控制端是分开的，各有一个引脚。

（4）输入/输出。RAM 通过输入/输出端与计算机的 CPU 交换数据，读出时它是输出端，写入时它是输入端，一线两用。由读/写控制线控制。输入/输出端数据线的条数，与一个地址中所对应的寄存器位数相同，也有的 RAM 芯片的输入/输出端是分开的。通常 RAM 的输出端都具有集电极开路或三态输出结构。

（5）片选控制。由于受 RAM 的集成度限制，一台计算机的存储器系统往往由许多 RAM 组合而成。CPU 访问存储器时，一次只能访问 RAM 中的某一片（或几片），即存储器中只有一片（或几片）RAM 中的一个地址接受 CPU 访问，与其交换信息，而其他片 RAM 与 CPU 不发生联系，片选就是用来实现这种控制的。通常一片 RAM 有一根或几根片选线，当某一片的片选线接入有效电平时，该片被选中，地址译码器的输出信号控制该片某个地址的寄存器与 CPU 接通；当片选线接入无效电平时，则该片与 CPU 之间处于断开状态。

二、RAM 的存储容量的扩展

一片 RAM 的存储容量是一定的。在数字系统或计算机中，单个芯片往往不能满足存储容量的需要，因此需要将若干个存储芯片组合起来，以扩展存储器的容量，达到使用要求。RAM 的扩展分为位扩展和字扩展两种。

（1）位扩展方法。

RAM 的地址线为 n 条，则该 RAM 芯片就有 2^n 个字，若只需扩展位数而不需要扩展字数时，说明字数满足了要求，即地址线不需要增加。扩展位数只需要把若干位数相同的 RAM 芯片地址线、$R/\overline{W}$ 线、片选信号 $\overline{CS}$ 线分别并联起来就行了。每个 RAM 的

I/O 端并行输出,即实现位扩展。

例1 试用 1 024×1 RAM 扩展成为 1 024×8 RAM 存储器。

解:扩展为 1 024×8 存储器需要 1 024×1 RAM 的芯片数为:

$$N = 总存储容量/一片存储容量$$

$$= \frac{1\ 024 \times 8}{1\ 024 \times 1} = 8\ (片)$$

只要把 8 片 1 024×1 RAM 的地址线并联在一起,$R/\overline{W}$ 线并联在一起,片选信号 $\overline{CS}$ 线也并联在一起,每片 RAM 的 I/O 端并行输出到 1 024×8 存储器的 I/O 端作为数据线 $I/O_0 \sim I/O_7$,即实现了位扩展,接线如图 7-2 所示。

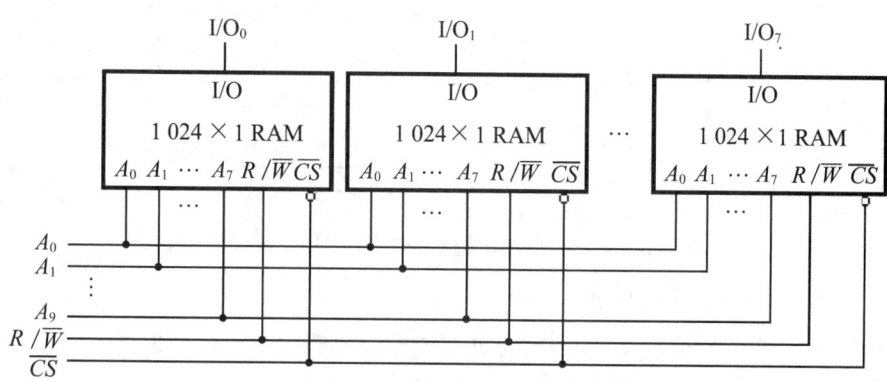

图 7-2 用 1 024×1 RAM 扩展成为 1 024×8 RAM 的接线图

(2) 字扩展方法。

在存储器的数据位数满足要求而字数达不到要求时,需要字扩展。

字扩展的方法:把扩展前的每一芯片的 I/O 端、$R/\overline{W}$ 端依次并联作为整个芯片的 I/O 端、$R/\overline{W}$ 端,将扩展前的每一芯片的地址线并联成为整个芯片低位地址线,所需的高位地址线则通过地址译码器去控制各片片选线。举例说明如下:

例2 试用 256×4 RAM 扩展成为 1 024×4 RAM 存储器。

解:扩展为 1 024×4 RAM 需要 256×4 RAM 的芯片数为:

$$N = 总存储容量/一片存储容量$$

$$= \frac{1\ 024 \times 4}{256 \times 4} = 4\ (片)$$

4 片芯片的 I/O 公用、$R/\overline{W}$ 线共用,并联相接实现。各芯片的 8 位地址线 $A_7 \sim A_0$ 也都并接在一起。因为字扩展 4 倍,故应增加两位高位地址线 A_8、A_9,可以通过外加译码器芯片的片选输入端 $\overline{CS}$ 来实现,增加的地址线 A_8、A_9 与译码器的输入相连,译码器的低电平输出分别接 4 片 RAM 的片选输入端 $\overline{CS}$。当 $A_9A_8A_7\cdots A_0$ 为 0000000000 ~ 0011111111 时,芯片 1 的 $\overline{CS} = 0$(被选中),可以对芯片 1 的 256 个字进行读写操作;当 $A_9A_8A_7\cdots A_0$ 为 0100000000 ~ 0111111111 时,芯片 2 的 $\overline{CS} = 0$(被选中),可以对芯片 2 的 256 个字进行读写操作;当 $A_9A_8A_7\cdots A_0$ 为 1000000000 ~ 1011111111 时,芯片 3 的 $\overline{CS} = 0$(被选中),可以对芯片 3 的 256 个字进行读写操作;当 $A_9A_8A_7\cdots A_0$ 为

1100000000~1111111111 时,芯片 4 的 $\overline{CS}=0$(被选中),可以对芯片 4 的 256 个字进行读写操作。电路接线如图 7-3 所示。

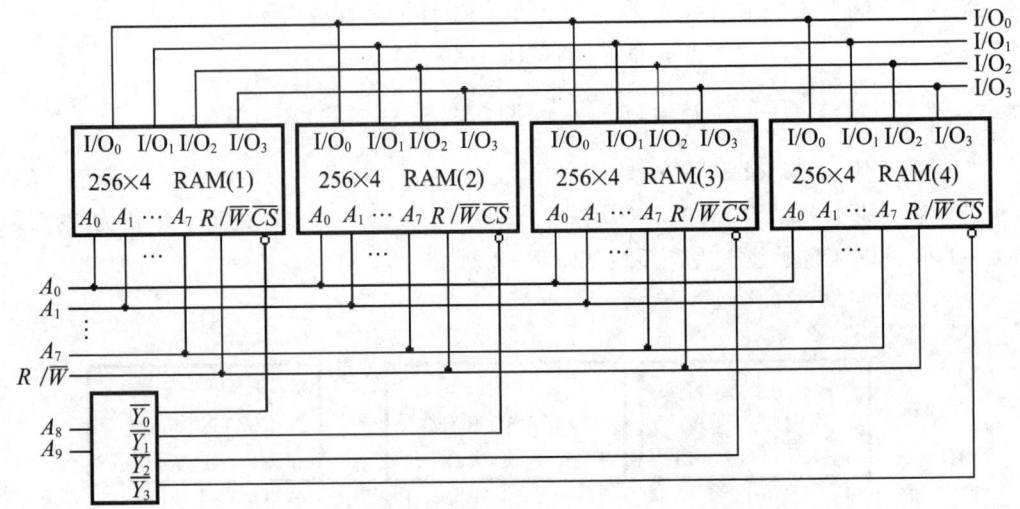

图 7-3 用 256×4 RAM 扩展成为 1 024×4 RAM 的接线图

(3) RAM 的字、位同时扩展。

对于字、位同时扩展的 RAM 一般先进行位扩展,然后再进行字扩展。

例 3 试用 64×2 RAM 扩展成 256×4 RAM 存储器。

解:扩展为 256×4 RAM 需要 64×2 RAM 的芯片数为:

$$N = 总存储容量/一片存储容量$$
$$= \frac{256 \times 4}{64 \times 2} = 8 \text{(片)}$$

①先将 64×2 RAM 扩展为 64×4 RAM,计算得出需要 2 片 64×2 RAM 组成 64×4 RAM。

②在位扩展的基础上,字数由 64 扩展为 256,即字数扩展了 4 倍,故应增加两位地址线,通过译码器产生 4 个相应的低电平分别连接到 4 组 64×4 RAM 的片选信号输入端 $\overline{CS}$。这样,256×4 RAM 的地址线由原来的 6 条 $A_5 \sim A_0$ 扩展为 8 条 $A_7 \sim A_0$。电路连接如图 7-4 所示。

◆ 第七章 存储器与可编程逻辑器件

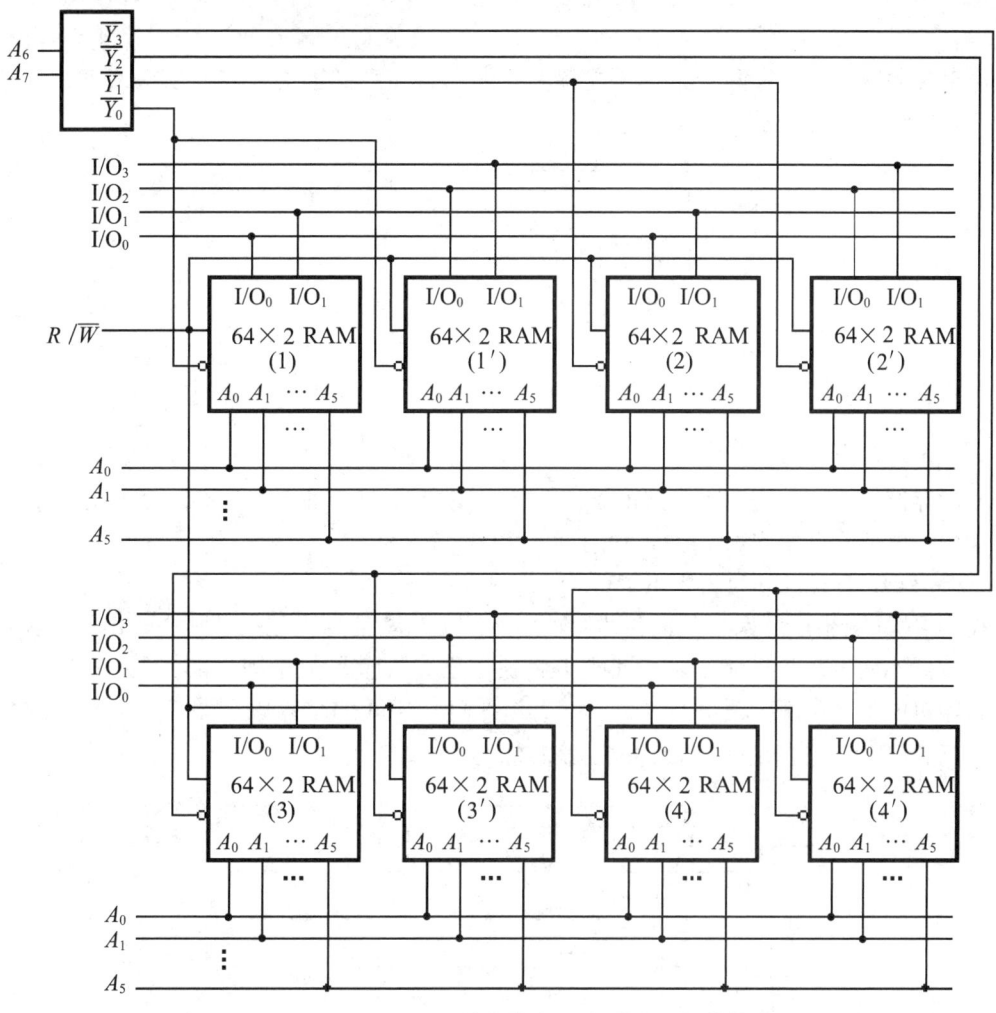

图 7-4 用 64×2 RAM 扩展成为 256×4 RAM 的接线图

7.2.2 只读存储器（ROM）

只读存储器是存放固定信息的存储器，在制造时，把信息写入存储器，只能读出而不能写入，即使切断电源，存储器中的信息也不会丢失，它没有读写控制电路，结构简单。

一、ROM 的结构

ROM 的电路结构主要由三部分组成：地址译码器、存储矩阵和输出及控制电路。如图 7-5 所示。

地址译码器的作用是将输入的地址代码翻译成相应的控制信号，用它从存储矩阵中将指定的单元选出，并把其中的数据送到输出缓冲器。

存储矩阵由许多存储单元排列而成。存储单元可以用二极管、三极管或 MOS 管构成。每个单元能存放 1 位二值代码（0 或 1），每一个或一组存储单元有一个对应的地址代码。

输出缓冲器的作用有两个：一是能提高存储器带负载的能力；二是实现对输出状态的三态控制，以便与系统的总线连接。

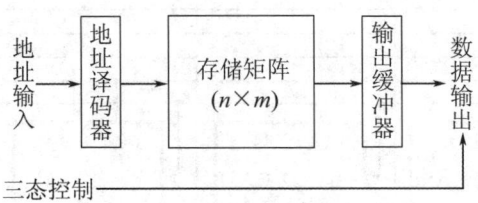

图 7-5　ROM 的结构框图

二、ROM 的分类

只读存储器按照数据写入方式的不同，分为掩模 ROM、可编程 ROM、紫外线可擦除可编程、电擦除可编程 E^2PROM 和闪存 EPROM 等 5 种。

1. 掩模 ROM（或称为固定 ROM）

掩模 ROM 由生产厂家在制造芯片时采用掩模工艺将信息固化在芯片中，出厂后其存储的数据不能更改，只能读出。此类电路适用于大批量且数据固定的情况，如一些点阵打印机的点阵字库。图 7-6 所示为二极管掩模 ROM 的结构原理图，其中 $G_0 \sim G_3$ 为三态门，$\overline{CS}$ 为三态门的控制端，也是该芯片的片选端。

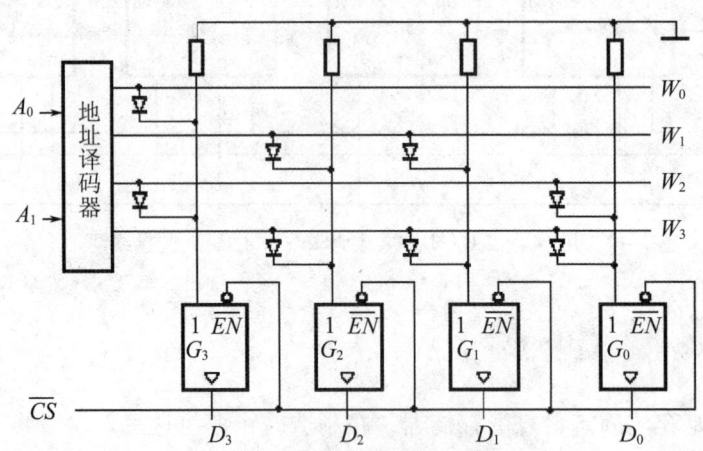

图 7-6　二极管掩模 ROM 的结构原理图

2. 可编程 ROM（PROM）

PROM 采用熔丝编程工艺，在产品出厂时，所有存储单元均制成全 0（或全 1），用户根据需要可自行将某些存储单元改为 1（或 0），完成用户需要的逻辑功能。但它们只能一次性改写，因此，PROM 只能编程一次，使用起来很不方便。PROM 的结构原理如图 7-7 所示。

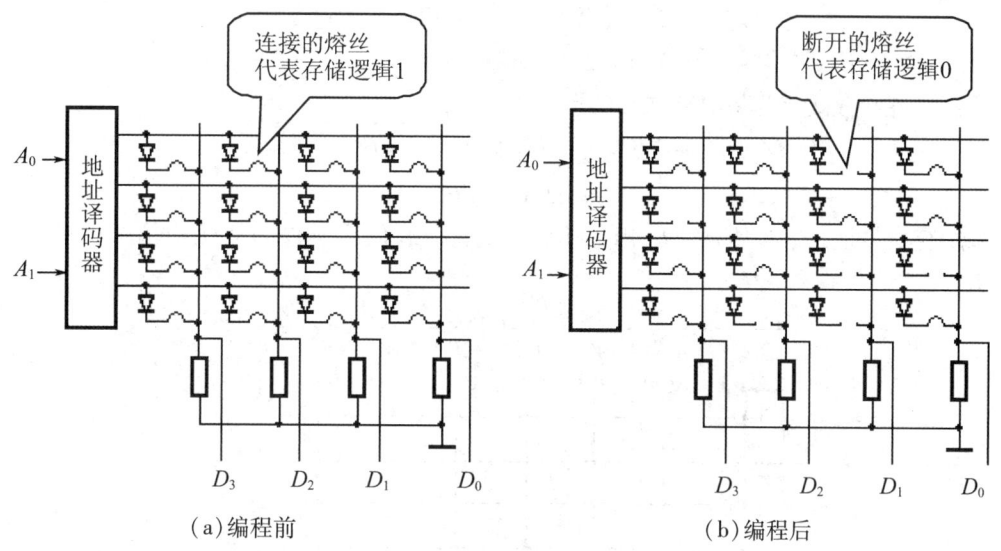

图 7-7 PROM 的结构原理图

3. 紫外线可擦除可编程 ROM（EPROM）

EPROM 可以在加电的情况下擦除存储器的全部或某一部分内容，当需要修改信息时，将芯片放在擦除器中，在紫外线照射下，原来信息即被擦除，然后再重新编程，比较适合试制工作的需求。

EPROM 的特点是不但可以多次擦除，而且擦除时间短，编程简单、存取速度快，功耗低，因此得到广泛应用。常用的 EPROM 芯片有 2716（存储容量 2KB）、2732（存储容量 4KB）、2764（存储容量 8KB）、27128（存储容量 16KB）、27256（存储容量 32KB）等。

4. 电擦除可编程 E^2PROM

E^2PROM 的主要特点是能在应用系统中进行在线改写，并能在断电的情况下保存结果。

5. 闪存 EPROM

闪存 EPROM 是一种新型的半导体存储器件，它既有 EPROM 的结构简单、编程可靠等优点，又有 E^2PROM 快速擦写的特点，其集成度高，用途广泛。

7.2.3 用存储器实现组合逻辑函数

根据逻辑电路的特点，ROM 属于组合逻辑电路。因此，只读存储器 ROM 除了作存储器外，还能实现组合逻辑函数。

从 ROM 的逻辑结构示意图知道，只读存储器的基本部分是与非阵列和或门阵列，与非阵列实现对输入变量的译码，产生变量的全部最小项，或门阵列完成有关最小项的或运算，因此从原则上讲，利用 ROM 可以实现任何组合逻辑函数。

例 4 用 ROM 实现下列各逻辑函数，画出编程后的简化结构图。

$$Y_1 = \bar{A}\bar{B} + AB\bar{C} + \bar{A}BC$$
$$Y_2 = \bar{A}\bar{B}C + A\bar{B}C + AB$$

解：将各函数式化为最小项之和的形式为：

$$Y_1 = \bar{A}\bar{B}\bar{C} + \bar{A}\bar{B}C + AB\bar{C} + \bar{A}BC$$
$$Y_2 = \bar{A}\bar{B}C + A\bar{B}C + ABC + AB\bar{C}$$

采用有 3 位地址、2 位数据输出的 ROM 实现，编程后所得的简化结构框图如图 7-8 所示。

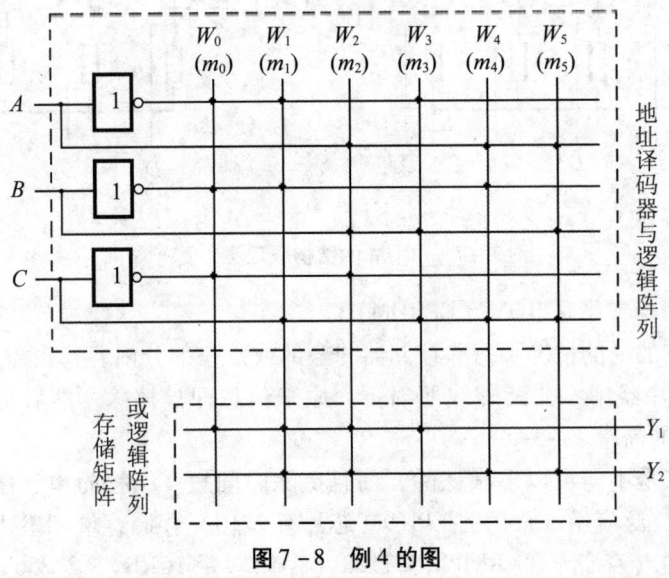

图 7-8 例 4 的图

例 5 图 7-9 是用 ROM 编程后的简化结构图，试写出该图的逻辑函数表达式。

解：根据图可列出下列函数表达式：

$$Y_0(A,B,C,D) = \sum m(2,3,4,5,8,9,14,15)$$
$$Y_1(A,B,C,D) = \sum m(6,7,10,11,14,15)$$
$$Y_2(A,B,C,D) = \sum m(0,3,6,9,12,15)$$
$$Y_3(A,B,C,D) = \sum m(7,11,13,14,15)$$

◆ 第七章 存储器与可编程逻辑器件

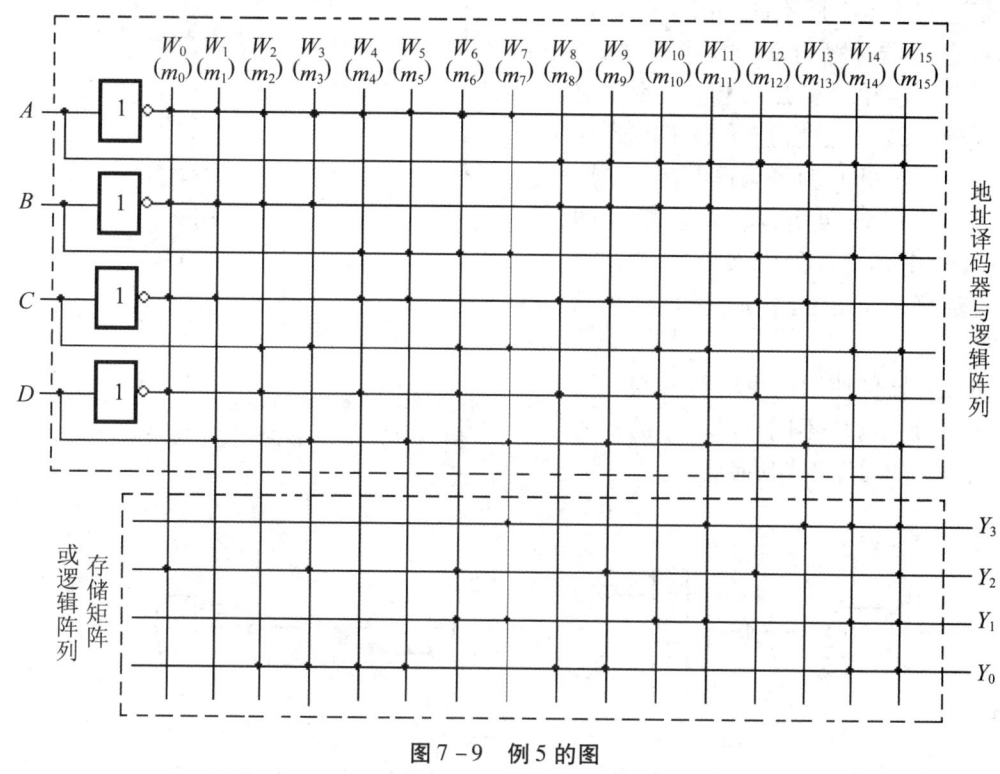

图 7-9 例 5 的图

*7.3 可编程逻辑器件

通常应用的 TTL 或 MOS 数字集成电路，称为标准器件或非用户定制器件。这种器件内部的逻辑功能在生产后已被限定，用户只能按照给定的逻辑功能应用而不能改变其逻辑功能。这种情况下对复杂的数字系统而言显然不能适应需求。如，由于每个芯片功能有限，在构成复杂数字系统时，将要使用大量的不同功能的芯片，同时要进行大量的连线工作，因而导致系统可靠性下降，系统的体积和功耗增加等等。为了改变这种情况，20 世纪 80 年代初，发展了一种可编程逻辑器件（PLD）。可编程逻辑器件是一种大规模半定制的集成电路，其用意在于工厂生产半成品——在芯片上集成了大量的门和触发电路等单元，用户使用这种集成电路时，可以用编程的方法，将这种集成电路内部的门、触发器等，按用户的要求连成所需要的电路。其好处在于：成本低，连线少，可靠性高，体积小，功耗低，增强系统保密性。因此，可编程逻辑器件（PLD）得以普遍使用。

可编程逻辑器件（PLD）有许多不同类型，PROM 也属于这一类器件，但目前应用最多的一种是通用阵列逻辑器件（GAL），它工作稳定可靠、保密性好，擦写次数多（数百次），写入数据能长久保存。

由于可编程逻辑器件集成度相当高，每个芯片上可以有数千个或上万个门，使用方法与我们熟悉的逻辑电路不同，它们属于另一类特殊的数字电路，因而这类器件的逻辑表达方式也有所不同，图 7-10 是可编程逻辑器件（PLD）的连接方式，图 7-10 (a) 中，实点"·"表示固定连接（硬接线），这种连接是不能改动的；图 7-10 (b) 为可编程连接，如用熔丝则表示该处熔丝未熔断；图 7-10 (c) 中在交叉处无实点或"×"，表示不连接，如用熔丝则表示该处熔丝被熔断。

可编程器件使用的逻辑符号与一般习惯用符号也有所不同，PLD 中的一些符号及含义如图 7-11 所示。

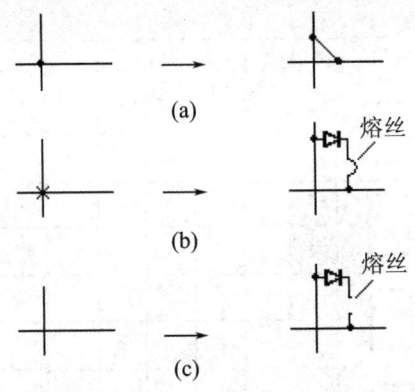

(a) 固定连接　(b) 可编程连接　(c) 不连接

图 7-10　PLD 的三种连接表示法

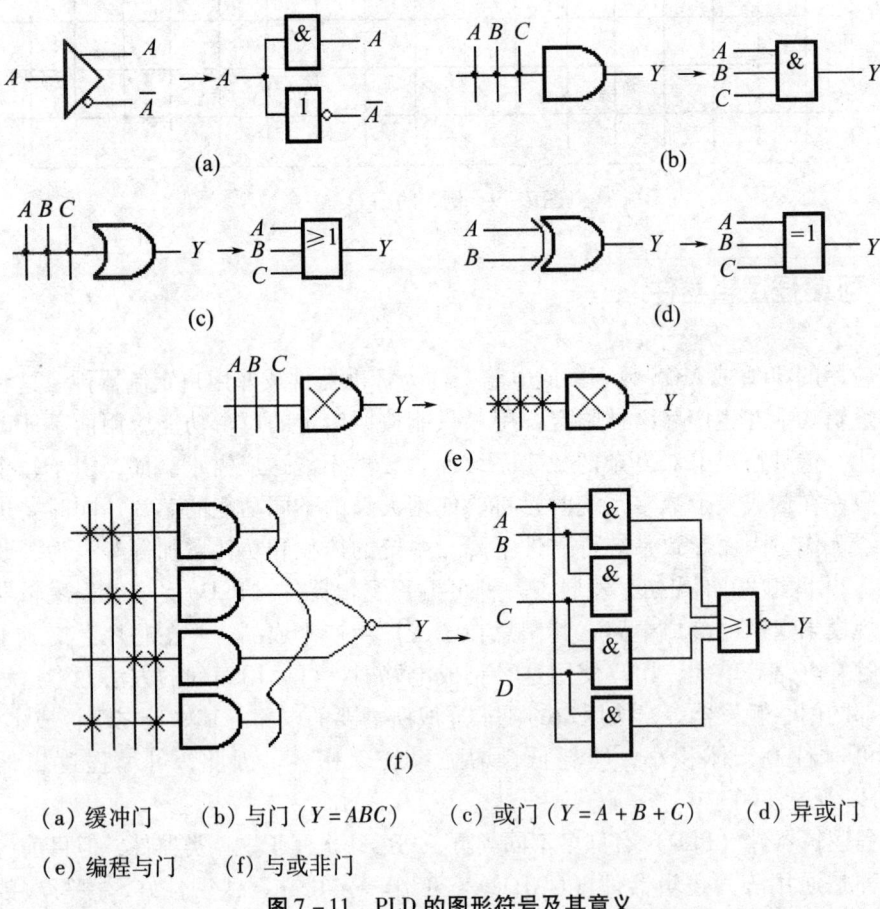

(a) 缓冲门　　(b) 与门（$Y = ABC$）　　(c) 或门（$Y = A + B + C$）　　(d) 异或门
(e) 编程与门　　(f) 与或非门

图 7-11　PLD 的图形符号及其意义

可编程逻辑器件从 20 世纪 80 年代初发展至今，已经有多种产品，包括可编程只读存储器（PROM）、可编程逻辑阵列（PLA）、可编程阵列逻辑（PAL）和通用阵列逻辑

（GAL）等。各类产品的结构基本相同，都由一个与（AND）逻辑阵列和一个或（OR）逻辑阵列组合而成。不同的地方在于可编程的阵列及电路的输出方式。PROM 是 AND 阵列固定，OR 阵列可编程；GAL 是 AND 阵列可编程，OR 阵列固定。它们的逻辑编程器件阵列结构示意图如图 7 – 12 所示。

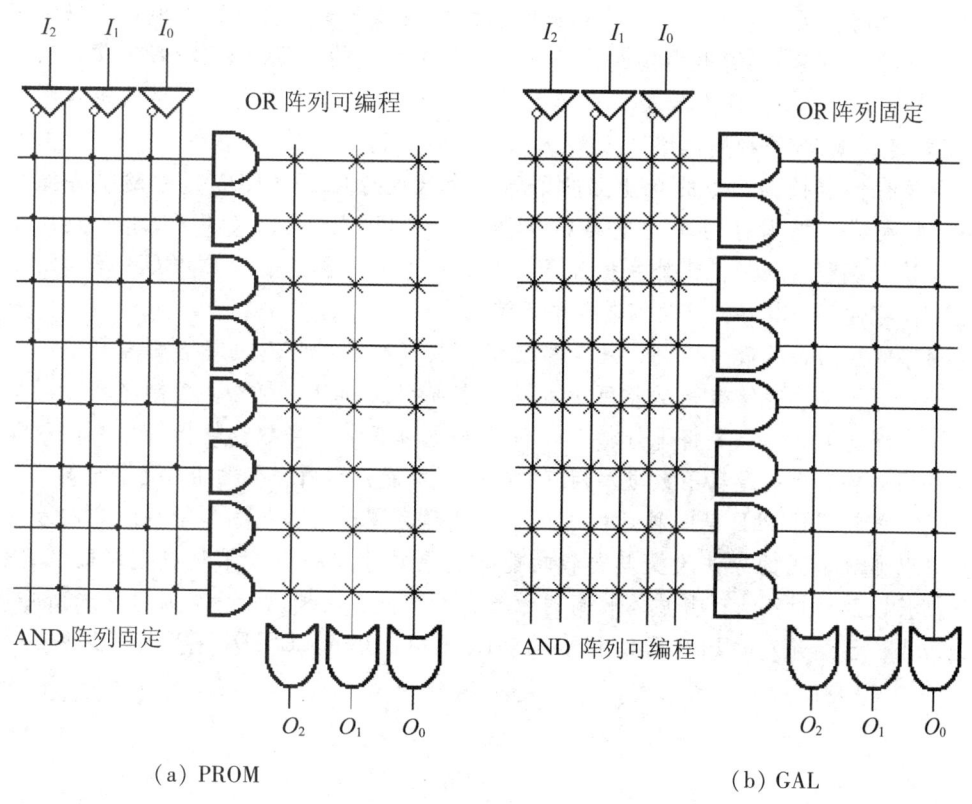

(a) PROM (b) GAL

图 7 – 12 可编程逻辑器件阵列结构示意图

PROM 的 AND 阵列是全译码阵列，即输入三个地址，输出要有 8 条字线，存储容量大，但实际应用时，大多数函数并不需要输入变量的全部可能组合，因此，造成存储单元不能得到充分的利用。

由于可编程逻辑器件是个大规模或超大规模的集成电路，对其进行编程需要有可编程开发软件和编程器等硬件专用装置，具体请参阅专用工具书。

随着科学的发展，新型的 PLD 产品不断出现，如可编程门阵列（FPGA）、可擦可编程逻辑器件（EPLD）等技术的进步，使得数字系统的工作越来越快，越来越稳定可靠，并且体积越来越小，既节能又环保。

本章小结

半导体存储器是一种能存储大量数据或信息的半导体器件。

在半导体存储器中采用了按地址存放数据的方法，只有那些被输入地址代码指定的存储单元才能与输入/输出端接通，可以对这些被指定的单元进行读/写操作。而输入/输出端是公用的。为此存储器的电路结构中必须包含地址译码器、存储矩阵和输入/输出电路（或读/写控制电路）三部分。

半导体存储器按读、写的功能上的不同分为只读存储器（ROM）和随机存储器（RAM）两大类。根据存储单元电路结构和工作原理的不同，又将 ROM 分为掩模 ROM、一次可编程 PROM、紫外线擦除的 EPROM 及电信号擦除的 E^2PROM 等。RAM 是随机存取存储器，其存储信息随着断电而消失。

存储器的应用领域极为广阔，凡是需要记录数据和各种信息的场合都需要它。尤其在电子计算机中，存储器是必不可少的一个重要组成部分。此外，存储器还可以用来设计组合逻辑电路。只要将地址输入作为输入逻辑变量，将数据输出端作为函数输出端，并根据要产生的逻辑函数写入相应的数据，就能得到所需要的组合逻辑电路了。

可编程逻辑器件 PLD 是一种可由用户编程来确定逻辑功能的新型器件。它的最大特点是可以通过编程的方法设置其逻辑功能。它很好地解决了专用集成电路的设计、制造周期长以及用量不大时其成本较高的矛盾。PLD 被广泛地应用于各种数字系统中。到目前为止，已经开发的 PLD 器件主要有 PAL、GAL、PLA、EPLD、FPGA 等类型。

*实训项目 EPROM 构成多路序列信号发生器

一、实训目的

（1）理解 EPROM 的基本工作原理。
（2）学会 EPROM 的仿真。

二、功能要求

用 EPROM 2764 实现 8 个指示灯轮流点亮，具体为：

（1）LED_1 亮→LED_1 灭→LED_2 亮→LED_2 灭→LED_3 亮→LED_3 灭→……→LED_8 亮→LED_8 灭→循环重复。

（2）LED_1 亮→全灭→LED_1、LED_2 亮→全灭→LED_1、LED_2、LED_3 亮→全灭→……→全亮→全灭→循环重复。

三、实训设备和器件

多媒体课室。

器材：电脑 1 台（386 以上配置，安装了 Proteus ISIS 或其他仿真软件）、编程器、SUPREPRO 软件、紫外线擦除器、直流电源 1 台、示波器 1 台、单脉冲发生器 1 台（也可用按钮开关设置人工按键产生单脉冲）等。

元器件：EPROM 2764（或 E^2PROM2864，注：2864 不能仿真）1 片、74LS161 1 片、发光二极管 8 个、470 Ω 电阻 8 个、连接导线若干、"面包板" 1 块等。

四、实训电路图

实训电路如图 1 所示。

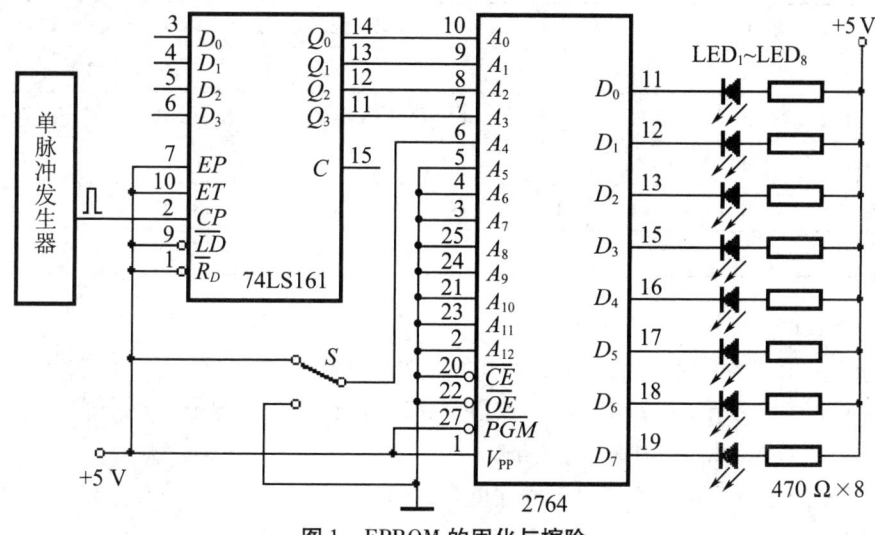

图 1　EPROM 的固化与擦除

五、虚拟仿真实训

（1）运行 Proteus ISIS 软件或其他虚拟仿真软件，编辑图 1 电路原理图。
（2）确定存储器的地址和写入数据。
按照电路功能要求，写出状态表如表 1，由此得出存储器的地址数据为：
0000～000F：FE FF FC FF F8 FF F0 FF E0 FF C0 FF 80 FF 00 FF
0010～001F：FE FF FD FF FB FF F7 FF EF FF DF FF BF FF 7F FF
（3）生成数据文件。

用 VC 软件或编辑器本身附带的软件进行数据的编辑。如：运行 SUPERPRO 6.0 弹出对话窗口如图 2 所示，选择菜单"数据缓冲区"→"编辑数据缓冲区"，弹出如图 3 所示对话窗口，在 HEX 栏键入对应的 16 进制数据，完成后将文件保存为 bin 或 HEX 文件类型（文件保存对话窗口如图 4 所示）。如：保存为 qiutest2764.bin 文件。

表 1 状态表

电路状态 1	D_7	D_6	D_5	D_4	D_3	D_2	D_1	D_0	电路状态 2	D_7	D_6	D_5	D_4	D_3	D_2	D_1	D_0
LED_1 亮	1	1	1	1	1	1	1	0	LED_1 亮	1	1	1	1	1	1	1	0
LED_1 灭	1	1	1	1	1	1	1	1	全灭	1	1	1	1	1	1	1	1
LED_2 亮	1	1	1	1	1	1	0	1	LED_1、LED_2 亮	1	1	1	1	1	1	0	0
LED_2 灭	1	1	1	1	1	1	1	1	全灭	1	1	1	1	1	1	1	1
LED_3 亮	1	1	1	1	1	0	1	1	LED_1、LED_2、LED_3 亮	1	1	1	1	1	0	0	0
LED_3 灭	1	1	1	1	1	1	1	1	全灭	1	1	1	1	1	1	1	1
LED_4 亮	1	1	1	1	0	1	1	1	LED_1～LED_4 亮	1	1	1	1	0	0	0	0
LED_4 灭	1	1	1	1	1	1	1	1	全灭	1	1	1	1	1	1	1	1
LED_5 亮	1	1	1	0	1	1	1	1	LED_1～LED_5 亮	1	1	1	0	0	0	0	0
LED_5 灭	1	1	1	1	1	1	1	1	全灭	1	1	1	1	1	1	1	1
LED_6 亮	1	1	0	1	1	1	1	1	LED_1～LED_6 亮	1	1	0	0	0	0	0	0
LED_6 灭	1	1	1	1	1	1	1	1	全灭	1	1	1	1	1	1	1	1
LED_7 亮	1	0	1	1	1	1	1	1	LED_1～LED_7 亮	1	0	0	0	0	0	0	0
LED_7 灭	1	1	1	1	1	1	1	1	全灭	1	1	1	1	1	1	1	1
LED_8 亮	0	1	1	1	1	1	1	1	全亮	0	0	0	0	0	0	0	0
LED_8 灭	1	1	1	1	1	1	1	1	全灭	1	1	1	1	1	1	1	1

（4）将数据文件加载到存储器中。

在 Proteus ISIS 编辑窗口上双击芯片 2764，弹出如图 5 所示窗口，在"Image File"的文本编辑框中键入 qiutest2764.bin，点击"OK"按钮，载入数据文件完成。

（5）启动仿真，检查程序运行效果。

①将开关 S 置 +5 V 位置，以上程序的效果是：

LED_1 亮→LED_1 灭→LED_2 亮→LED_2 灭→LED_3 亮→LED_3 灭→……→LED_8 亮→

LED$_8$ 灭→循环重复。

②将开关 S 置 "⊥" 位置（接地），以上程序的效果是：

LED$_1$ 亮→全灭→LED$_1$、LED$_2$ 亮→全灭→LED$_1$、LED$_2$、LED$_3$ 亮→全灭→……→全亮→全灭→循环重复。

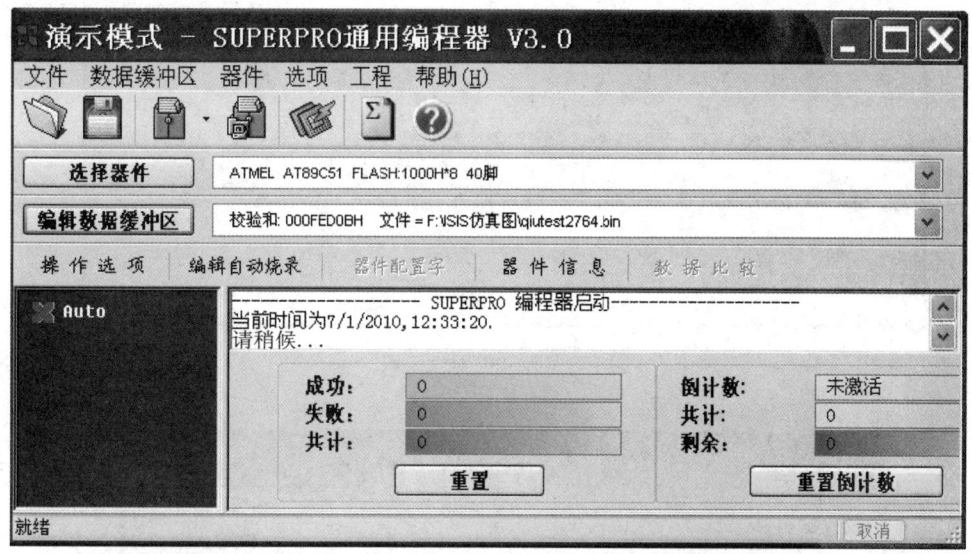

图 2　SUPERPRO 通用编辑器对话窗口（未连接编辑器）

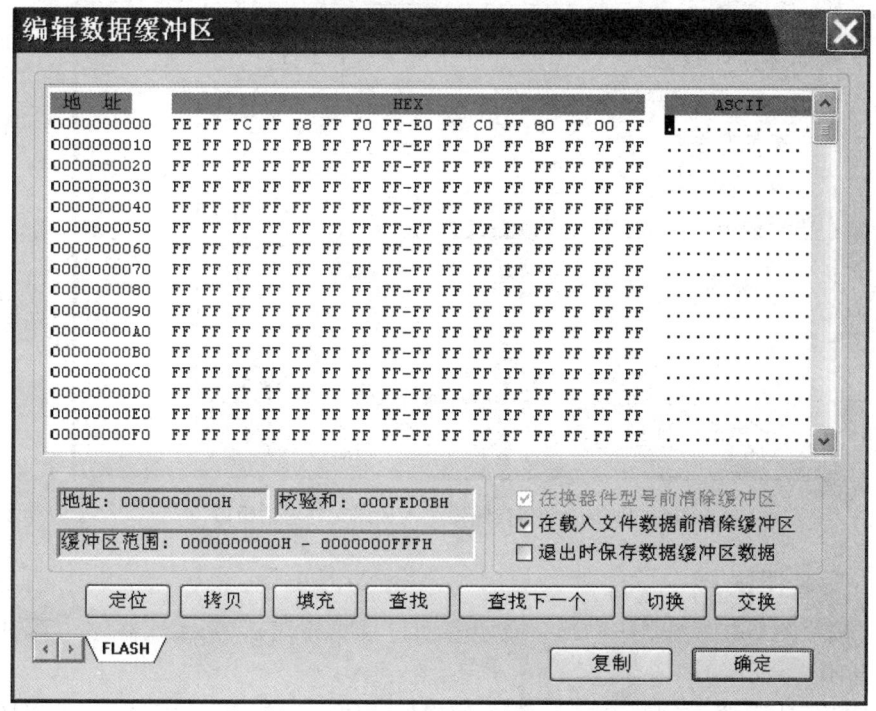

图 3　数据缓冲区编辑窗口

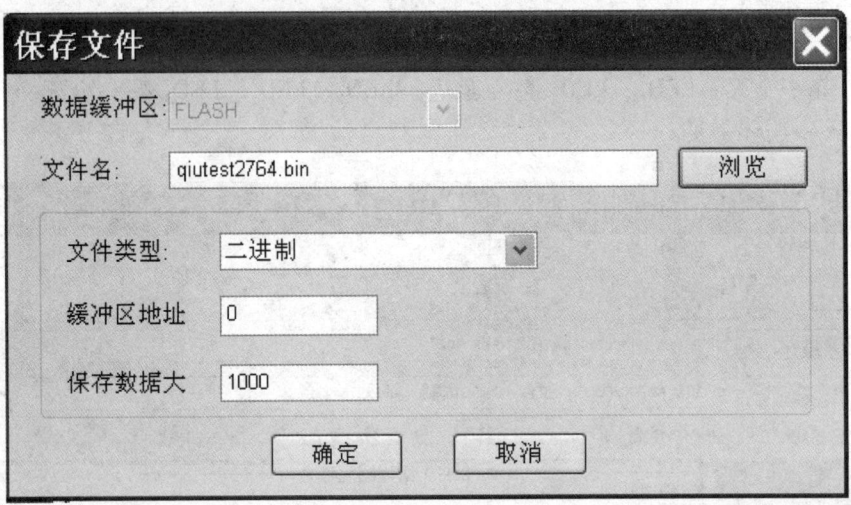

图 4 保存文件对话窗口

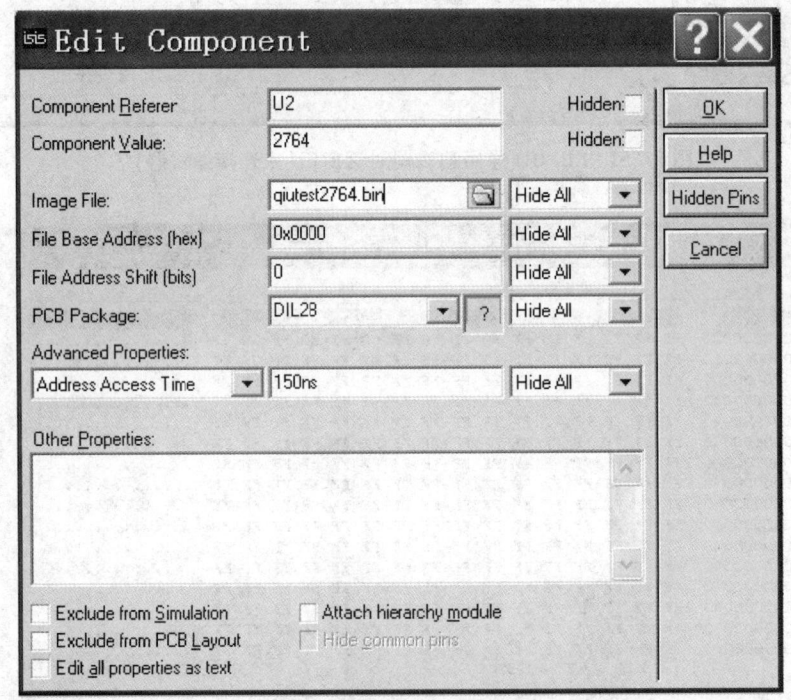

图 5 Proteus ISIS 存储器载入数据文件对话窗口

六、安装调试

（1）按照图 1 电路图制作 PCB（或用"面包板"替代），安装元器件（其中 2764 安装 IC 插座）。

（2）打开计算机，连接编辑器，运行编辑器软件，检查 EPROM2764（没有加载数据的 EPROM 内容全为"FF"，否则应先进行擦除），生成数据文件和加载数据文件。

注：不同编辑器的操作各异，包括数据文件生成、数据载入、存储器数据检查等，具体操作参阅其相关使用说明书。

（3）将已写入（加载）数据文件的 EPROM2764 插入电路 IC 插座上，接入电源，检查接线确保正确无误，检查电源电压正常后，进行测试：

将 2764 的输入端 A_4（IC ⑥脚）接地（或接 +5 V），接通电源，程序开始运行。当 2764 输入端 A_4（IC ⑥脚）接地时，发光二极管点亮规律为：LED_1 亮→全灭→LED_1、LED_2 亮→全灭→LED_1、LED_2、LED_3 亮→全灭→……→全亮→全灭，之后，重复以上过程；当 2764 输入端 A_4（IC ⑥脚）IC ②脚接 +5 V 时，发光二极管点亮规律为：LED_1 亮→全灭→ LED_2 亮→全灭→LED_3 亮→全灭→……→LED_8 亮→全灭，之后，重复以上过程。

七、EPROM 2764 的擦除

将 2764 芯片置于紫外线擦除器中，设定 10 分钟左右的时间，接通电源，设定时间到即擦除结束，按照前面所述方法进行检查，2764 中的内容全为 1 时，擦除成功。可以重新写入（加载）数据文件。

八、拓展训练

在图 1 中，将 LED 指示灯改为七段码显示管，2764 的 $D_0 \sim D_7$ 分别接到七段码显示管的 $a \sim g$，试编写程序，实现：

（1）七段码显示管显示数字 0~9，重复循环。
（2）七段码显示管显示数字 9~0，重复循环。

请读者自行练习，列出状态表，确实地址数据并将地址数据填入下表中。

表 2

效果	重复循环显示数字 0~9 及 9~0
程序	0000~000F： 0010~001F：

习 题

7.1 ROM 的种类主要有哪些?

7.2 存储器的存储容量是指什么?存储器容量的扩展有哪些方式?已知某计算机的内存设置有32根地址线,16位并行输入/输出数据线,则它的最大存储量有多少位?存储容量为 1 024×4 位的存储器,它的含义是什么?

7.3 RAM、ROM、PROM、EPPROM 中文全称是什么?简述 RAM、ROM、PROM、EPPROM 的异同点。

7.4 半导体存储器按器件可分为哪几种类型?可编程逻辑器件按集成度分可分为哪几种类型?

7.5 将存储器容量为 1 K×4 的 RAM 扩展成存储容量为 1 K×8 的 RAM。将存储容量为 1 K×8 的 RAM 扩展成 4 K×8 的 RAM。

7.6 用 ROM 编程实现如下逻辑函数,画出其简化结构图。

(1) $F_1 = \overline{A}BC + \overline{A}\,\overline{B}\,C$

(2) $F_2 = A\overline{B}\,\overline{C}\,\overline{D} + BC\overline{D} + \overline{A}BCD$

(3) $F_3 = ABC\overline{D} + \overline{A}\,\overline{B}\,\overline{C}\,\overline{D}$

(4) $F_4 = \overline{A}\,\overline{B}\,C\overline{D} + ABCD$

7.7 写出用 ROM 编程后(见习题 7.7 图所示)得到的 F_1 和 F_2 逻辑函数式。

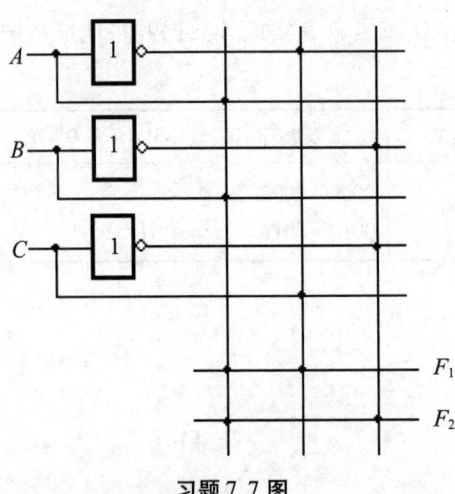

习题 7.7 图

7.8 判断题(正确的在括号内打√,错误的在括号内打×)。

(1) ROM 读后不断刷新。(   )

(2) 信息可随时写入或读出,断电后信息立即消失的存储器是 RAM。(   )

(3) 只能读不能写入,但信息可永久保存的存储器是 ROM。(   )

(4) 只能一次写入信息的存储器是 EEPROM。(   )

(5) PAL、PLA、GAL 均属于 PLD 产品。(   )

学习情境五　数/模和模/数转换

随着数字电子技术的迅速发展，尤其是数字电子计算机的日益普及，用数字电路处理模拟信号的情况越来越多。下图是发电机组智能测试系统的实物外形图。其内部包含了模数转换器 ADC 的应用电路。

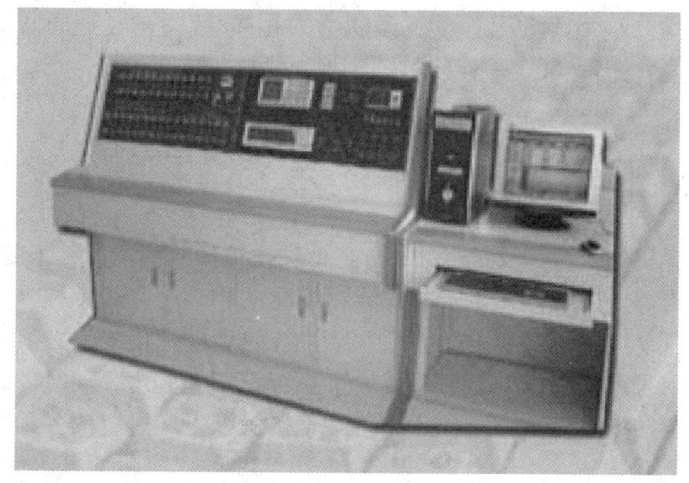

教学任务：
（1）介绍 A/D 转换的类型及其基本原理；
（2）介绍常用集成 ADC 的特点及使用；
（3）介绍 D/A 转换的类型及基本原理；
（4）介绍 R－2RT 型电阻网络 DAC 的相关计算方法。

学习目标：
（1）了解 A/D、D/A 转换的基本原理；
（2）了解不同类型 ADC 的工作原理；
（3）掌握 R－2RT 型电阻网络 DAC 的相关计算方法；
（4）熟悉 ADC、DAC 的特点及其使用场合。

教学实施：
（1）在多媒体课室实施，教师课堂讲授、仿真演示；
（2）学生仿真实验验证结论或记录仿真结果，深化理解理论知识；
（3）学生分组练习、讨论、总结归纳，教师点评。

第八章 数/模和模/数转换器

本章首先通过加法计数器 D/A 转换显示实验、ADC0809A/D 转换显示实训项目，引入数/模转换（把数字量转换成相应的模拟量）和模/数转换（把模拟量转换成数字量）的概念，然后介绍转换的基本原理及常用的转换器件的应用。

8.1 概 述

随着数字计算机的日益普及，用数字电路处理模拟信号的情况越来越多，如速度、位移、温度、压力等。这些往往是随时间连续变化的物理量，通常称为模拟量。在计算机用于过程的自动控制时，为了能够用数字系统处理模拟信号，必须把模拟信号转换成相应的数字信号形式，以便计算机或数字系统识别和处理，同时，处理结果的数字信号也常常需要转换成模拟信号，才能用于直接操纵生产过程的各种装置，完成自动控制任务。

我们把从模拟信号到数字信号的转换称为模/数转换，简称 A/D 转换（Analog to Digital Converter），实现 A/D 转换功能的电路叫做 A/D 转换器，简称 ADC。从数字信号到模拟信号的转换称为数/模转换，简称 D/A 转换（Digital to Analog Converter），实现 D/A 转换功能的电路叫做 D/A 转换器，简称 DAC。在数据传输系统、自动测试设备、电视信息的数字化、数字通信和语言信息、图像信息的处理和识别等方面都离不开 A/D、D/A 转换器。

A/D 转换和 D/A 转换是模拟系统和数字系统的接口电路，它们被广泛应用于现代控制系统中。

8.2 D/A 转换器

8.2.1 D/A 转换器的基本原理

D/A 转换器的作用是将离散的数字量转换成连续变化的模拟量。我们知道，数字量是用代码按数位组合起来的，每位代码都具有一定的权值，D/A 转换器就是将每一位二进制代码按其权值的大小转换成相应的模拟量，然后将代表各位的模拟量相加，这样就可以得到与该数字量成正比的模拟量。

◆ 第八章 数/模和模/数转换器

图 8-1 所示是 D/A 转换器的输入、输出关系框图。

图中 d_0，d_1，…，d_{n-1} 是输入的 n 位二进制代码，u_o 为输出的模拟量，D/A 转换的关系可表示为：$u_o = kd$（式中 k 为比例系数）。一般来说，D/A 转换器电路基本由电阻译码网络、模拟开关、基准电源、求和运算放大器等四部分组成。

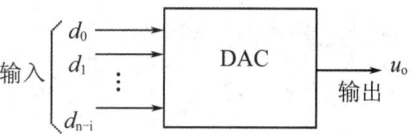

图 8-1 DAC 输入、输出关系框图

8.2.2 倒 T 型电阻网络 D/A 转换器

D/A 转换器有多种电路形式，按工作原理可分为权电阻网络 D/A 转换器和 T 型电阻网络 D/A 转换器；按工作方式可分为电压相加型 D/A 转换器和电流相加型 D/A 转换器等。这里仅以被最广泛使用的倒 T 型 D/A 转换器为例进行讨论。

4 位倒 T 型电阻网络 D/A 转换器如图 8-2 所示。

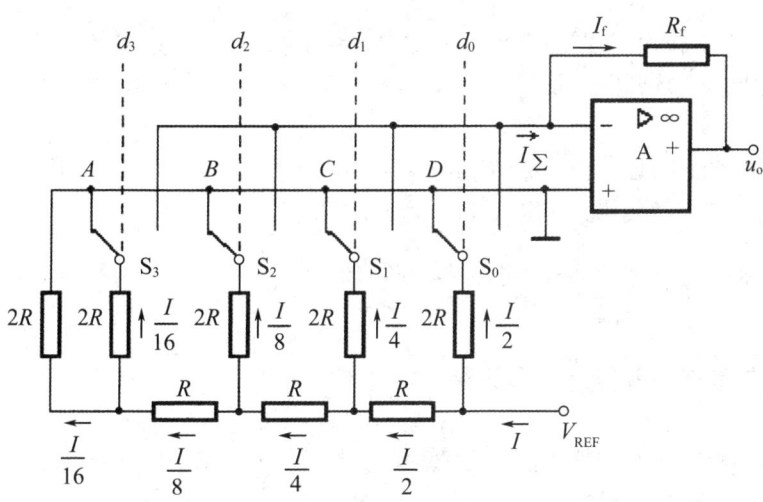

图 8-2 4 位倒 T 型电阻网络 D/A 转换器

该电路由 R、$2R$ 两种阻值的电阻构成倒 T 型电阻网络，模拟电子开关 S_3、S_2、S_1、S_0 和运算放大器 A 组成。电路具有如下特点：

（1）这种电阻网络只有 R 和 $2R$ 两种电阻。

（2）由理想运算放大器虚断和虚短的概念，可以推断出：求和放大器的反相输入端 V_- 的电位几乎接近于零（但应注意，V_- 并没有接地，只是电位与"地"相当，因此这时又将 V_- 端称为"虚地"点），所以无论开关 S_3、S_2、S_1、S_0 合到左边或右边，都相当于接到了"地"电位上，流过每个支路的电流也始终不变。

（3）从各结点向左看的二端网络等效电阻均为 R。例如，从 A 端向右看的等效电阻为 $R_1 = 2R$，$2R = R$；从 B 端向左看的等效电阻为 $R_2 = 2R$，$(R + R) = R$……

流入运算放大器的总电流为：

$$I = \frac{V_{REF}}{R}$$

每个支路的电路依次为：$\dfrac{I}{2}$，$\dfrac{I}{4}$，$\dfrac{I}{8}$ 和 $\dfrac{I}{16}$。

又因为 $I = I_0 + I_1 + I_2 + I_3$，若取 $R_f = R$，则运算放大器的输出电压为：

$$u_o = -I_f R_f \approx -(I_0 + I_1 + I_2 + I_3)R_f$$

$$= -\dfrac{V_{REF}}{2^4}(1 \times 2^0 + 1 \times 2^1 + 1 \times 2^2 + 1 \times 2^3)$$

$$= -\dfrac{V_{REF}}{2^4}(d_0 \times 2^0 + d_1 \times 2^1 + d_2 \times 2^2 + d_3 \times 2^3)$$

输出模拟电压正比于输入数字量。当输入为 n 位二进制数时，可以推论得到 u_o 的一般表达形式：

$$u_o = -\dfrac{V_{REF}}{2^n}(d_{n-1} \times 2^{n-1} + d_{n-2} \times 2^{n-2} + \cdots + d_1 \times 2^1 + d_0 \times 2^0)$$

$$= -\dfrac{V_{REF}}{2^n}\sum_{i=0}^{n-1} d_i \times 2^i$$

例1 在一个 8 位倒 T 型电阻网络 DAC 中，若基准电压 $V_{REF} = 8$ V，求下列两种情况下的输出电压：（1）开关全部接地；（2）输入二进制代码为 10011011。

解：

（1）当开关全部接地，$d_7 = d_6 = d_5 = d_4 = d_3 = d_2 = d_1 = d_0 = 0$，则 $u_o = 0$。

（2）当输入二进制代码为 10011011，则：

$$u_o = -\dfrac{V_{REF}}{2^8} \times (2^7 + 2^4 + 2^3 + 2^1 + 2^0) = -\dfrac{8\text{ V}}{256} \times 155 = -4.84 \text{ V}。$$

8.2.3 权电阻网络 D/A 转换器

4 位权电阻网络 D/A 转换器的电路原理图如图 8-3 所示。它由权电阻网络、4 个模拟开关和 1 个求和放大器组成。

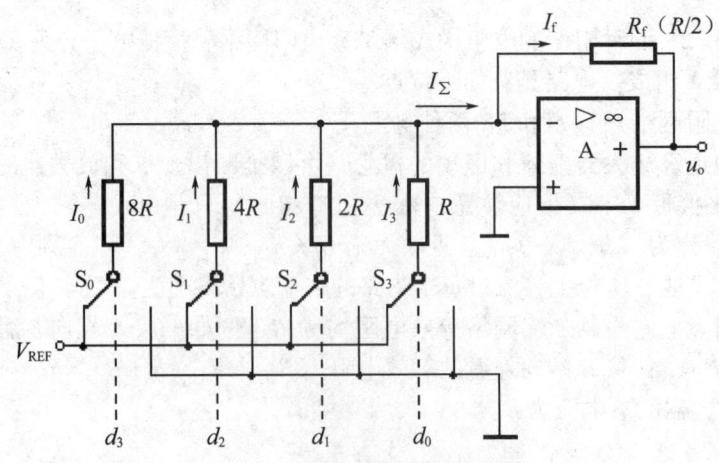

图 8-3 权电阻网络 D/A 转换器

S_3、S_2、S_1、S_0 是 4 个电子开关,它们的状态分别受输入代码 d_3、d_2、d_1、d_0 的取值控制,代码为 1 时开关接到参考电压 V_{REF} 上,代码为 0 时开关接地。所以 $d_i=1$ 时,有支路电流 I_i 流向求和放大器,$d_i=0$ 时支路电流 I_i 为零。

为简化分析计算,把运放 A 近似看成是理想运算放大器。则当同相输入端 V_+ 的电位高于反相输入端 V_- 的电位时,输出端对地的电压 u_o 为正;当 V_- 高于 V_+ 时,u_o 为负。

当参考电压 V_{REF} 经电阻网络加到 V_- 时,只要 V_- 高于 V_+,便在 u_o 产生负的输出电压。u_o 经 R_f 反馈到 V_-,结果必然使 $V_- \approx V_+ = 0$。

在近似认为运算放大器输入电流为零的条件下可以得到:

$$u_o = -I \sum R_f$$
$$= -(I_3 + I_2 + I_1 + I_0) R_F$$

由于 $V_- \approx 0$,故各支路电流分别是:

$$I_3 = \frac{V_{REF}}{R} d_3$$

$$I_2 = \frac{V_{REF}}{2R} d_2$$

$$I_1 = \frac{V_{REF}}{2^2 R} d_1$$

$$I_0 = \frac{V_{REF}}{2^3 R} d_0$$

若运算放大器的反馈电阻 $R_F = R/2$,则:

$$u_o = -\frac{V_{REF}}{2^4}(d_3 \times 2^3 + d_2 \times 2^2 + d_1 \times 2^1 + d_0 \times 2^0)$$

对于 n 位的权电阻网络 D/A 转换器,其输出电压为:

$$u_o = -\frac{V_{REF}}{2^n}(d_{n-1} \times 2^{n-1} + d_{n-2} \times 2^{n-2} + \cdots + d_1 \times 2^1 + d_0 \times 2^0)$$

$$= -\frac{V_{REF}}{2^n} \sum_{i=0}^{n-1} \times d_i 2^i$$

上式表明,输出的模拟电压正比于输入的数字量,从而实现了从数字量到模拟量的转换。

8.2.4 D/A 转换器的主要技术指标

D/A 转换器的主要性能指标有转换速度和转换精度。

1. 转换速度

转换速度是指完成一次转换所需的时间,衡量方法有两种:

(1) 建立时间。它是指在输入数字量各位由全 0 变为全 1 或由全 1 变为全 0,输出电压达到某一规定值所需要的时间。

(2) 转换速率。它是指在输入数字量各位由全 0 变为全 1 或由全 1 变为全 0 时，输出电压的变化率。

一次 D/A 转换的时间，应包括建立时间和输出电压的上升（或下降）时间两部分。

2. 转换精度

在 D/A 转换器中，一般用分辨率和转换误差描述转换精度。

(1) 分辨率。

分辨率通常用 D/A 转换器的最小模拟输出电压与最大模拟输出电压之比。最小模拟输出电压是指对应于输入数字量最低位为 1，其余位均为 0 时的输出电压，最大模拟输出电压是指对应于输入数字量各位均为 1 时的输出电压，对于一个 n 位的 D/A 转换器，其分辨率可表示为：

$$分辨率 = \frac{1}{2^n - 1}$$

(2) 转换误差。

由于在 D/A 转换器中，各个环节的性能和参数都不可避免地存在误差，如运算放大器的零点漂移，参考电压 V_{REF} 的波动，电子开关 S_3、S_2、S_1、S_0 的导通压降，倒 T 型电阻网络中电阻阻值的偏差等，都会导致输出模拟电压偏离规定值——产生转换误差。

转换误差是用于说明 D/A 转换器的实际上能达到的转换精度。可以用输出电压满度值的百分数表示，也可用最小输出电压的倍数表示。例如，转换误差为 $\frac{1}{2}$LSB，表示输出模拟电压的绝对误差等于当输入数字量的最低位（LSB）为 1，其余各位均为 0 的输出模拟电压的 1/2。

例 2 数字量位数为 $n = 8$ 和 $n = 10$ 的 DAC 的分辨率各是多少？当输出模拟电压的满量程 $U_{oMAX} = 10$ V 时，它们所能分辨的最小电压分别是多少？

解：

$n = 8$ 的分辨率 $= \frac{1}{2^8 - 1} \approx 0.003\,922$，能分辨的最小电压 $= \frac{10 \text{ V}}{2^8 - 1} \approx 0.039\,22$ V

$n = 10$ 的分辨率 $= \frac{1}{2^{10} - 1} \approx 0.000\,977\,5$，能分辨的最小电压 $= \frac{10 \text{ V}}{2^{10} - 1} \approx 0.009\,775$ V

可见，D/A 转换器位数越多，分辨率越高，分辨输出最小电压的能力越强。

8.2.5 常用的集成 D/A 转换器芯片

根据 D/A 转换器的位数和转换速度的不同，集成 D/A 转换器芯片有多种类型，如 DAC0830、DAC0831、DAC0832，AD7524 它们都是 8 位 DAC 芯片，AD7541 为 12 位。这里仅以常用的 DAC0832 集成 D/A 转换器为例讨论它的外部特性和使用方法。

集成 DAC0832 是 CMOS 工艺的 8 位 D/A 转换器芯片，其内部结构框图和引脚排列图如图 8-4 所示。

第八章 数/模和模/数转换器

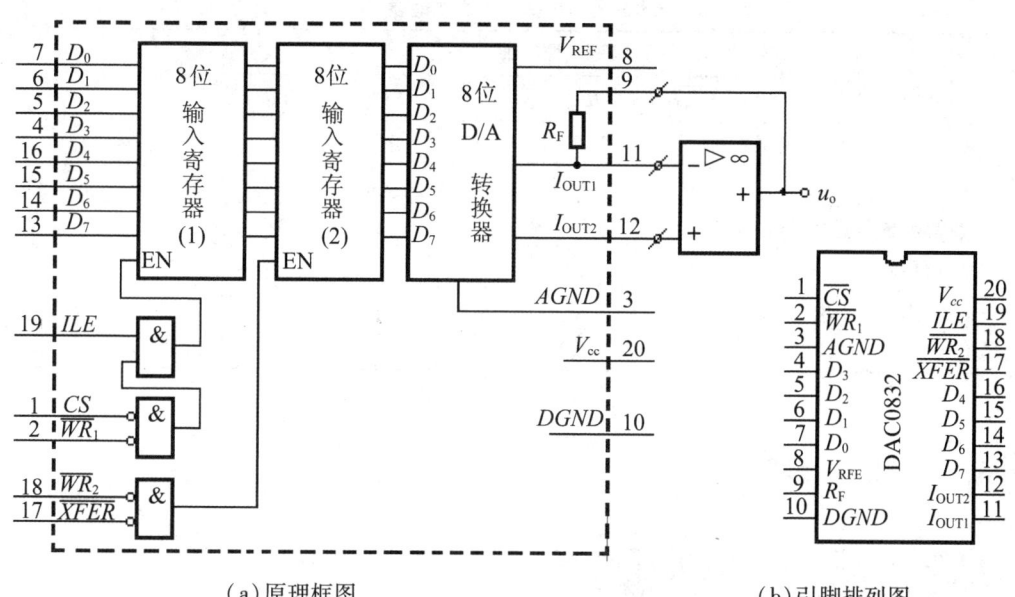

(a)原理框图　　　　　　　　　　(b)引脚排列图

图 8-4　DAC0832 原理框图及引脚排列图

DAC0832 芯片为 20 脚双列直插式封装，各引脚功能如下：

$\overline{CS}$（1 脚）：输入寄存器选择信号，低电平有效。

$\overline{WR_1}$（2 脚）：输入寄存器"写"选择信号，低电平有效。当：$\overline{WR_1}=0$，$\overline{CS}=0$，$ILE=1$ 时，锁存输入数据。

$\overline{WR_2}$（18 脚）：DAC 寄存器"写"选择信号，低电平有效。当：$\overline{WR_2}=0$，$\overline{XFER}=0$ 时，数据锁存在 DAC 寄存器中。

$\overline{XFER}$（17 脚）：数据传送选通信号，低电平有效。

$D_0 \sim D_7$（4~7，13~16 脚）：8 位输入数据信号。

V_{REF}（8 脚）：基准电压。一般可在 -10 V ~ +10 V 范围内选择。

R_F（9 脚）：R_F 是片内电阻，为运放提供反馈电阻，以保证输出电压在合适范围。

$DGND$（10 脚）：数字电路接地端。

$AGND$（3 脚）：模拟电路接地端。

I_{OUT1}（11 脚）：DAC 输出电流 1，此输出电流一般作为运算放大器反相输入端信号。

I_{OUT2}（12 脚）：DAC 输出电流 2，此输出电流一般作为运算放大器同相输入端信号，通常接地。DAC0832 是电流输出型 D/A 转换器。

ILE（19 脚）：数据锁存允许端，高电平有效。若 ILE 为 1，输出跟随输入；若 ILE 为 0，输入被锁存。

V_{cc}（20 脚）：工作电源，允许范围 +5 V ~ +15 V。

DAC0832 的功能如表 8-1 所示。

表 8-1 DAC0832 的功能表

功能	控制条件					功能说明
	$\overline{CS}$	ILR	$\overline{WR_1}$	$XFER$	$\overline{WR_2}$	
数据 $D_0 \sim D_7$ 输入到寄存器 1	0	1	0	0	1	存入数据
	0	1	1	0	1	锁定
数据由寄存器 1 转送到寄存器 2	0	1	1	0	0	存入数据
	0	1	1	0	1	锁定
从输出端取出模拟信号	×	×	×	×	×	无控制信号随时可取

8.3 A/D 转换器

8.3.1 A/D 转换器的基本原理

在 A/D 转换器中，因为输入的模拟信号在时间上是连续变化的量，而输出的数字信号是离散的、不连续的，所以，在进行 A/D 转换时，一般是通过取样、保持、量化、编码这四个步骤完成。

1. 采样与保持

采样是将随时间连续变化的模拟信号转换为离散模拟信号。采样过程如图 8-5 所示。

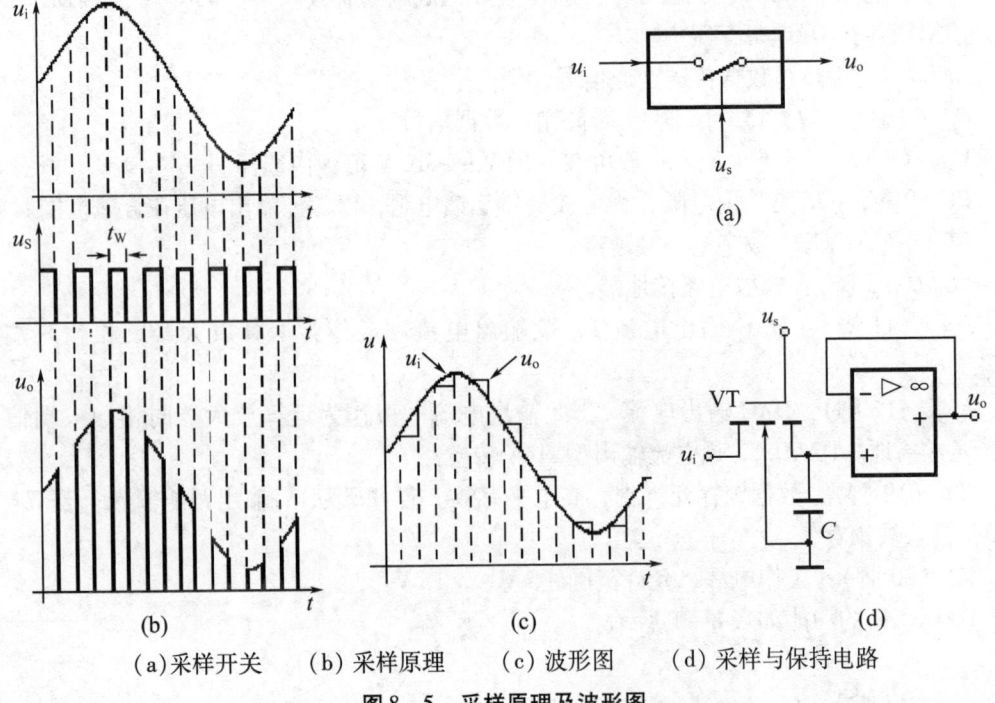

(a) 采样开关　(b) 采样原理　(c) 波形图　(d) 采样与保持电路

图 8-5 采样原理及波形图

模拟信号经采样后，就转化为在时间上连续，在幅度上等于采样时间内模拟信号大小的一串等距不等幅的脉冲（离散模拟信号）。为了使后续电路能很好地对这个采用结果进行处理，通常需要将采用结果存储起来，直到下次采样开始，这就需要加上保持电路，实际采用与保持电路是做成一个电路，如图 8 - 5 (c) 所示。

图 8 - 5 (a) 为采样开关，它是一个受采样脉冲 u_S 控制的电子模拟开关，在 u_S 为高电平期间，即在脉冲宽度 t_w 内，电子模拟开关闭合，输出电压等于输入电压，即 $u_o = u_i$；在 u_S 为低电平期间，电子开关断开，输出电压 $u_o = 0$，其工作波形如图 8 - 5 (d) 所示。

不难看出，采样脉冲频率越高，采样 - 保持输出脉冲 u_o 的包络线就越接近输入的模拟信号 u_i，转换误差就越小。为了使采样后的输出脉冲能不失真地代表输入的模拟信号，采样脉冲的频率 f_S 必须满足采用定理：$f_S \geq 2f_{i\,max}$，$f_{i\,max}$ 是输入模拟信号 u_i 频谱的最高频率分量。

2. 量化与编码

经过采样 - 保持电路后，模拟信号变成在时间上离散在幅值上仍连续的样值脉冲，显然，这还不是数字信号，因为，数字信号不仅在时间上是离散的，而且在数值上的变化也是不连续的。所以，还需要对样值脉冲进行量化，将采样 - 保持后的电压化为某个规定的最小单位的整数倍的过程称为量化，所规定的最小单位叫做量化单位，用 Δ 表示。把量化的数值用二进制代码表示，称为编码。这个二进制代码就是 A/D 转换的输出信号。

既然模拟电压是连续的，那么它不一定能被 Δ 整除，故不可避免会引入误差，这种误差称为量化误差。量化误差的大小与转换输出的二进制代码的位数和基准电压的大小有关，同时还与量化电平的划分方法有关。

例如，现需要把 0 ~ 1 V 的模拟电压信号转换成 3 位二进制代码，可取 Δ = (1/8) V，并规定凡数值在 0 ~ (1/8) V 之间的模拟电压都当作 $0 \times \Delta$ 看待，用二进制的 000 表示；凡数值在 (1/8) V ~ (2/8) V 之间的模拟电压都当作 $1 \times \Delta$ 看待，用二进制的 001 表示……如图 8 - 6 (a) 所示。显然，这种量化电平划分的最大误差可达 Δ，即 (1/8) V。

为了减小最大量化误差，改用图 8 - 6 (b) 所示的划分方法。取量化电平 Δ = (2/15) V，并作如下规定：

(1) 当输入的模拟电压为 0 ~ (1/15) V 之间时，输入的模拟电压为 $0\Delta = 0$ V，对应输出的数字量为 000。

(2) 当输入模拟电压为 (1/15) V ~ (3/15) V 之间时，输入的模拟电压为 1Δ = (2/15) V，对应输出的数字量为 001。以此类推。

可见，这种划分方法将使每个输出的二进制数对应的输入模拟电压与它的两相邻量化电平之差的最大值为 $\Delta/2$ = (1/15) V，很明显，第二种划分电平的方法使最大的量化误差缩小了一半。容易发现，量化级数越多，量化误差越小，但无论如何划分量化电平，量化误差也难于避免。

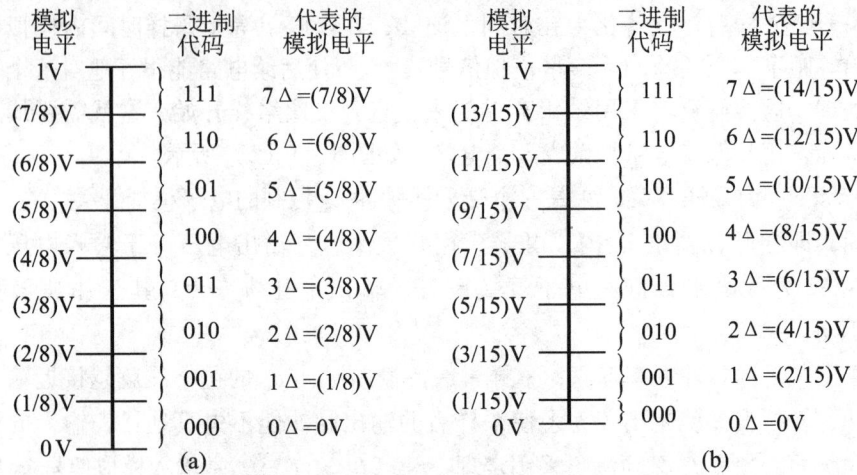

图 8-6 划分量化电平的两种方法

8.3.2 并行比较型 A/D 转换器

并行比较型 A/D 转换器是一种高速模数转换电路。图 8-7 所示为一个 3 位并联比较型 A/D 转换器的原理电路图,它主要由比较器、寄存器、编码器等组成。

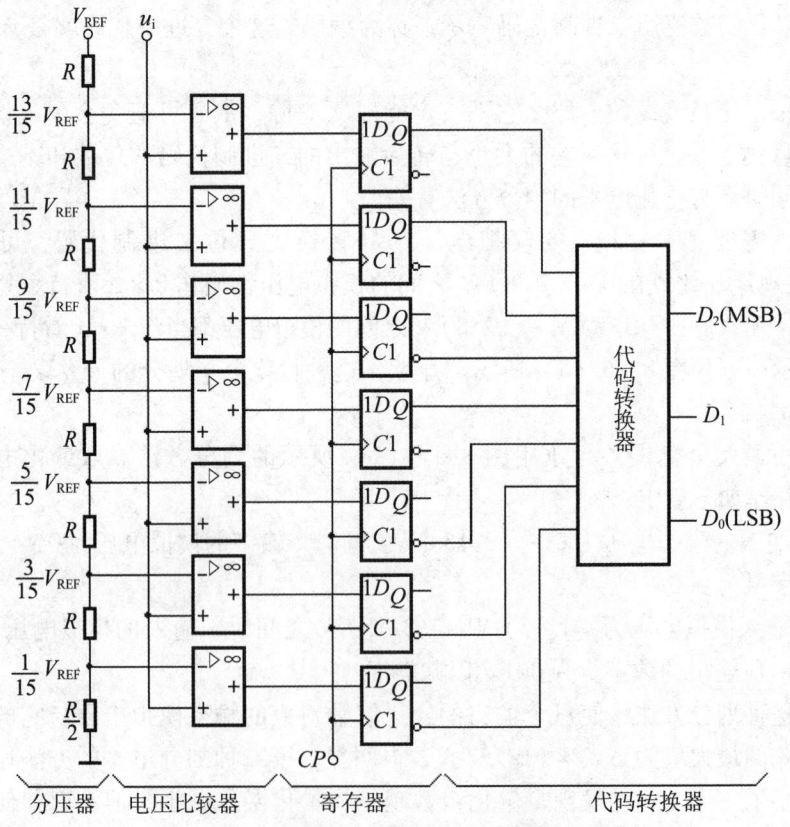

图 8-7 3 位并行比较型 A/D 转换器原理电路

比较器中量化电平用 8 个串联起来的电阻对 V_{REF} 进行分压,从而得到从 $(1/15) V_{REF}$ 到 $(13/15) V_{REF}$ 之间的 7 个比较电平,并把它们分别送到比较器 $C_1 \sim C_7$ 的反相输入端,输入模拟电压 u_i 接到每个比较器的同相输入端上,使之与 7 个比较电平进行比较。当模拟电压高于比较器的电平时,比较器输出为 1;当模拟电压低于比较器的电平时,比较器输出为 0。比较器的输出状态由 D 触发器存储,并送到编码器进行编码,编码器的输出就是转换结果与输入模拟电压 u_i 相对应的 3 位二进制数。表 8-2 为其转换真值表。

表 8-2 3 位并行比较型 A/D 转换器真值表

输入模拟电压 u_i	寄存器状态							代码输出		
	Q_7	Q_6	Q_5	Q_4	Q_3	Q_2	Q_1	D_2	D_1	D_0
$0 < u_i \leq (1/15) V_{REF}$	0	0	0	0	0	0	0	0	0	0
$(1/15) V_{REF} < u_i \leq (3/15) V_{REF}$	0	0	0	0	0	0	1	0	0	1
$(3/15) V_{REF} < u_i \leq (5/15) V_{REF}$	0	0	0	0	0	1	1	0	1	0
$(5/15) V_{REF} < u_i \leq (7/15) V_{REF}$	0	0	0	0	1	1	1	0	1	1
$(7/15) V_{REF} < u_i \leq (9/15) V_{REF}$	0	0	0	1	1	1	1	1	0	0
$(9/15) V_{REF} < u_i \leq (11/15) V_{REF}$	0	0	1	1	1	1	1	1	0	1
$(11/15) V_{REF} < u_i \leq (13/15) V_{REF}$	0	1	1	1	1	1	1	1	1	0
$(13/15) V_{REF} < u_i \leq V_{REF}$	1	1	1	1	1	1	1	1	1	1

对于 n 位输出二进制码,并行 A/D 转换器需要 $2^n - 1$ 个比较器。显然,随着位数的增加,所需硬件将迅速增加,例如,当 $n = 10$ 时,所需要的比较器和触发器的个数均为 $2^{10} - 1 = 1023$ 个,同时相应的编码器也要变得复杂起来,不言而喻,这是很不经济的。这种转换器只适应于速度要求很高,而输出位数较少的场合。

并联型 A/D 转换器的最大优点是转换速度快。目前的输出为 8 位的并联型 A/D 转换器时间可以达到 50 ns 以下,这是其他类型的 A/D 转换器无法做到的。

8.3.3 逐次逼近型 A/D 转换器

1. 电路组成

逐次逼近型 A/D 转换器,因其分辨率较高、误差较低、转换速度较快,是目前应用比较广泛的一种 A/D 转换器。图 8-8 是 4 位逐次逼近型 A/D 转换器的原理框图。它由比较器、电压输出型 DAC 及逐次比较寄存器组成。

2. 工作过程

转换开始前,先将寄存器清零。开始转换以后,时钟信号先将寄存器的最高位置为 1,使输出数字为 1000。这个数码被 D/A 转换器转换成相应

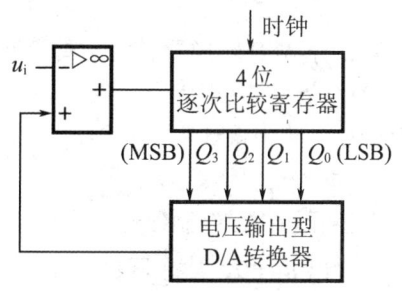

图 8-8 4 位逐次逼近型 A/D 转换器的原理框图

的模拟信号,送到比较器中与输入的模拟信号 u_i 进行第一次比较,若模拟信号大于 D/A 转换器输出,说明数字还不够大,应将最高位的 1 在寄存器中保存;若模拟信号小于 D/A 转换器输出,说明数字过大了,应将最高位的 1 清除。然后,在按通样的方法把次高位置为 1,并且经过比较以后确定这个 1 是否应该保存。就这样逐位比较下去,直到最低位为止。比较完毕后,寄存器中的状态就是所要求的数字输出。

不难想象,上述比较过程就如用天平称量一个待测质量的物体时的操作程序一样,所使用的砝码类似于寄存器中所保留的"1"。

8.3.4 双积分型 A/D 转换器

1. 电路组成

图 8-9 是双积分型 A/D 转换器的原理框图。它主要由基准电压 V_{REF}、积分器、比较器、计数器和定时触发器组成。

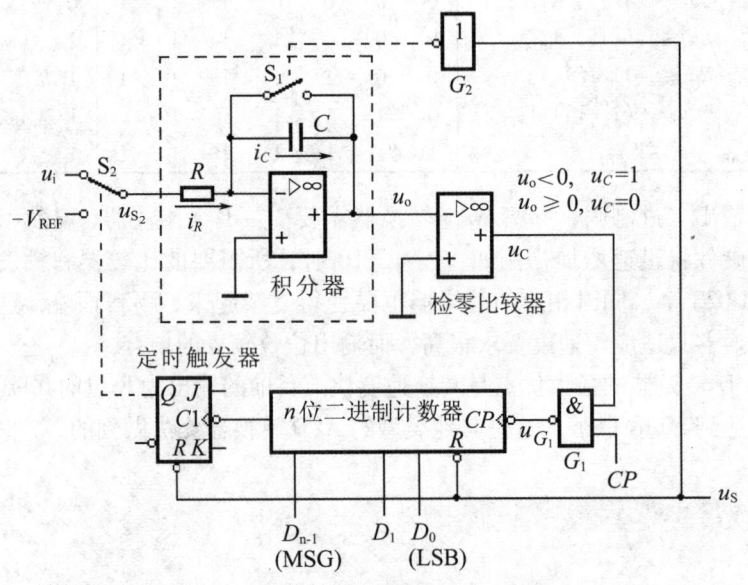

图 8-9 双积分型 A/D 转换器的原理框图

双积分 A/D 转换器,由于具有性能比较稳定、转换精度高、抗干扰能力很强、电路较简单等许多突出优点,在对转换精度要求较高、对转换速度要求不高的场合,在数字测量电路中得到广泛应用。

2. 工作过程

转换开始前,控制信号 u_s 为低电平,它使开关 S_1 闭合,使积分电容上没有电荷,积分器输出 $u_o=0$,比较器输出 $u_C=0$;同时将计数器和定时触发器复位,定时触发器的输出 $Q=0$,使开关 S_2 合向模拟信号输入端,做好转换的准备。

(1) 第一次积分。

当转换控制信号 $u_S=1$ 时,转换开始。此时开关 S_1 断开,积分电路开始第一次对

u_i 积分,u_i 经 R 对 C 充电,检零比较器输出一个高电平,即 $u_C = 1$,把门 G_1 打开,计数器对周期为 T_C 的时钟脉冲 CP 开始计数。在此期间,积分器开始对输入模拟信号 u_i 积分,由于积分期间 $u_i = U_I$,保持不变,所以积分器的输出电压为:

$$u_o(t) = -\frac{1}{RC}\int_0^t u_i dt = -\frac{U_I}{RC} \tag{8.3.1}$$

对应的积分器输出波形如图 8 - 10 中的 u_o 波形的 $0 \sim t_1$ 段。当计数器计到 2^n 个时钟脉冲时,计数器计满复位回到初始的 0 状态,同时送出一个脉冲,使定时触发器翻转,$Q = 1$,控制 S_2 合向基准电压 $-V_{REF}$。至此,第一次积分结束,对应的时间为 T_1,$T_1 = 2^n T_C$,代入式 (8.3.1) 中,得到积分器的输出结果为:

$$u_o(t) = -\frac{U_I}{RC} \cdot 2^n \cdot T_c \tag{8.3.2}$$

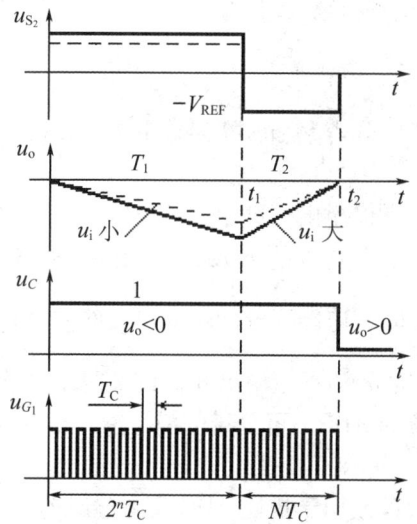

图 8 - 10 双积分 A/D 转换器的工作波形图

(2) 第二次积分。

第一次积分结束,S_2 合至 $-V_{REF}$ 后,积分器便开始对 $-V_{REF}$ 进行积分,其输出电压的起始值为 $u_o(t_1)$。因为 $-V_{REF}$ 与 U_I 极性相反,所以第二次积分为反向积分,积分器的输出电压为:

$$u_o(t_2) = u_o(t_1) - \frac{U_I}{C}\int_{t_1}^t \left(-\frac{V_{REF}}{R}\right)dt = -\frac{U_I}{RC} \cdot 2^n T_c + \frac{V_{REF}}{RC}(t - t_1) \tag{8.3.3}$$

对应的积分器输出波形如图 8 - 10 中的 u_o 波形的 $t_1 \sim t_2$ 段。在 $t_1 \sim t_2$ 段,由于积分器输出 u_o 小于 0,比较器输出 u_C 仍然为高电平,故计数器同时从 0 态开始重新计数,直到电容器上的电荷放完,积分器输出电压达到 0 V 时,比较器输出电压为低电平,即 $u_C = 0$,将 G_1 门关闭,计数器停止计数,这时的计数值记为 N,对应于时间 t_2,代入式 (8.3.3) 中,得到在 t_2 时刻积分器的输出电压为:

$$u_o(t_2) = u_o(t_1) - \frac{U_I}{C}\int_{t_1}^t \left(-\frac{V_{REF}}{R}\right)dt = -\frac{U_I}{RC} \cdot 2^n T_c + \frac{V_{REF}}{RC}(t_2 - t_1) = 0$$

式 $t_2 - t_1$ 为第二次积分的时间，记为 T_2，则：

$$T_2 = \frac{2^n}{V_{REF} \cdot f_C} U_I$$

不难理解，积分器对 V_{REF} 的积分时间 $(t_2 - t_1)$ 为 $T_2 = Nf_C$ 代入上式得：

$$N = \frac{2^n}{V_{REF}} U_I \tag{8.3.4}$$

式 (8.3.4) 说明，第二次积分结束后，计数值 N 与输入的模拟电压 U_I 成正比，实现了模拟量到数字量的转换，计数器的输出就是 A/D 转换器的位数。

特别说明，只有 V_{REF} 与模拟输入电压 u_i 的极性相反，转换结果才是正确的，否则会产生溢出，导致错误的输出结果。

8.3.5 A/D 转换器的主要技术指标

1. 转换精度

在 A/D 转换器中，一般用分辨率和转换误差来描述转换精度。

（1）分辨率。

在 A/D 转换器中，分辨率以输出二进制数的位数表示。它说明 ADC 对输入模拟电压的分辨能力。输出为 n 位二进制数的 ADC，应能区分输入模拟电压的 2^n 个不同等级，当它输入最大量为 $U_{I\max}$ 时，应能区分的输入电压的差异为 $\frac{U_{I\max}}{2^n - 1}$。位数越多，量化误差越小。如输入模拟电压为 $0 \sim 5$ V，输出 8 位的 ADC，可分辨的最小输入电压变化量约为 20 mV；若输出 10 位的 ADC，可分辨的最小输入电压变化量约为 5 mV。

（2）转换误差。

在 A/D 转换器中，转换误差用于描述 ADC 实际输出的数字量和理想输出数字量之间的偏差，并用最低有效位的倍数表示。例如，当给出的相对误差 $\leqslant \frac{1}{2}$ LSB 时，其含义是 ADC 实际输出的数字量和理论上应得到的输出数字量之间的误差不大于最低位的 1/2。

2. 转换速度

转换速度是指 ADC 完成一次转换所需要的时间。A/D 转换器的转换速度取决于转换电路的类型。

并联型 ADC 转换速度最快，为几十纳秒。

逐次逼近型 ADC 的转换速度次之。大多数产品的转换时间在 $10 \sim 100$ μs 之间，最快的可达 1 μs。

双积分型 ADC 转换速度最慢，在几十毫秒至几百毫秒之间。

本 章 小 结

D/A 转换器和 A/D 转化器是数字系统和模拟系统之间的桥梁。描述 D/A 转换器和 A/D 转化器性能好坏的主要技术指标是转换精度和转换时间。

在 D/A 转换器产品中，倒 T 型电阻网络 D/A 转换器是目前应用最广泛的一种电路，它所用电阻品种少，速度快，把接口部件与 D/A 转换器集成在同一芯片上，可构成与微机兼容的单片集成 D/A 转换器，这种芯片应用非常广泛。

A/D 转换器需经过取样、保持、量化、编码四个过程。前两个步骤在取样－保持电路中完成，后两个步骤则在 A/D 转换器中完成。本章介绍了并行比较型、逐次逼近型和双积分型三种 A/D 转换器。并行比较型 A/D 转换器速度最快，但精度较差，所用器件多，转换的位数受到限制；逐次逼近型 A/D 转换器速度较快，所用器件不多，所以在集成单元中用得最多；双积分型 A/D 转换器虽然转换速度较慢，但有抑制 50 Hz 抗电干扰的特点，增加计数器的位数可提高 A/D 转换的精度，因而在精度要求较高而在转换速度较慢的数字测量仪表中广泛使用。

实训项目一 加法计数器 D/A 功能测试

一、实训目的

(1) 理解数/模转换的基本原理和工作过程。
(2) 掌握 DAC0832 的引脚功能和使用方法。

二、实训设备、器件

多媒体课室。安装 Proteus ISIS 或其他仿真软件。

万用表 1 台,直流电源 1 台,示波器 1 台,万能电路板或"面包板"1 块,DAC0832 1 片等。

三、实训内容及步骤

1. D/A 转换器功能测试

实训电路如图 1 所示。

运行 Proteus 软件或其他虚拟仿真软件,在 ISIS 主窗口按图 1 绘制电路原理图。在 LM741 输出端接入虚拟直流电压表,然后,启动仿真。或按图 1 安装在万能电路板或在"面包板"上连接,进行电路功能测试。

按表 1 设置 $S_1 \sim S_8$ 不同组合,观察 LM741 输出电压变化情况并记录到表 1 中。

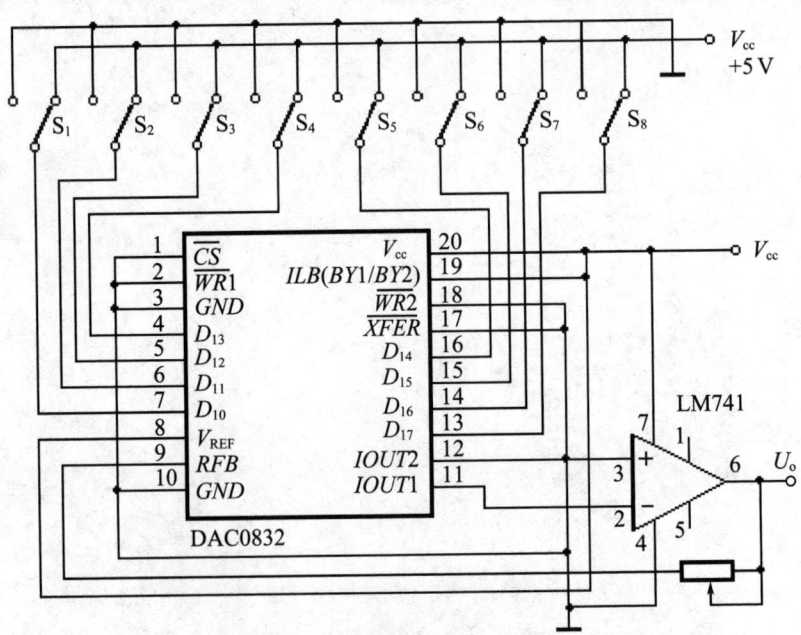

图 1 DAC0832 功能测试图

表1　DAC0832 功能测试数据记录表

$S_1 \sim S_8$	U_o	$S_1 \sim S_8$	U_o	$S_1 \sim S_8$	U_o
00000000		00000110		00011101	
00010000		00010110		00000011	
00001000		00001110		00010011	
00000100		00011110		00001011	
00010100		00000001		00011011	
00001100		00010001		00000111	
00011100		00001001		00010111	
00000010		00011001		00001111	
00010010		00000101		00011111	
00001010		00010101			
00011010		00001101			

2. 加法计数器 D/A 转换显示

实训电路如图 2 所示。用示波器观察 LM741 的输出信号波形，记录输出波形的形状、频率和幅度。

改变输入数字信号 CP 的频率，观察输出波形的频率变化情况；改变 DAC0832 第 8 脚 V_{REF} 的大小，观察输出波形的幅度变化情况。

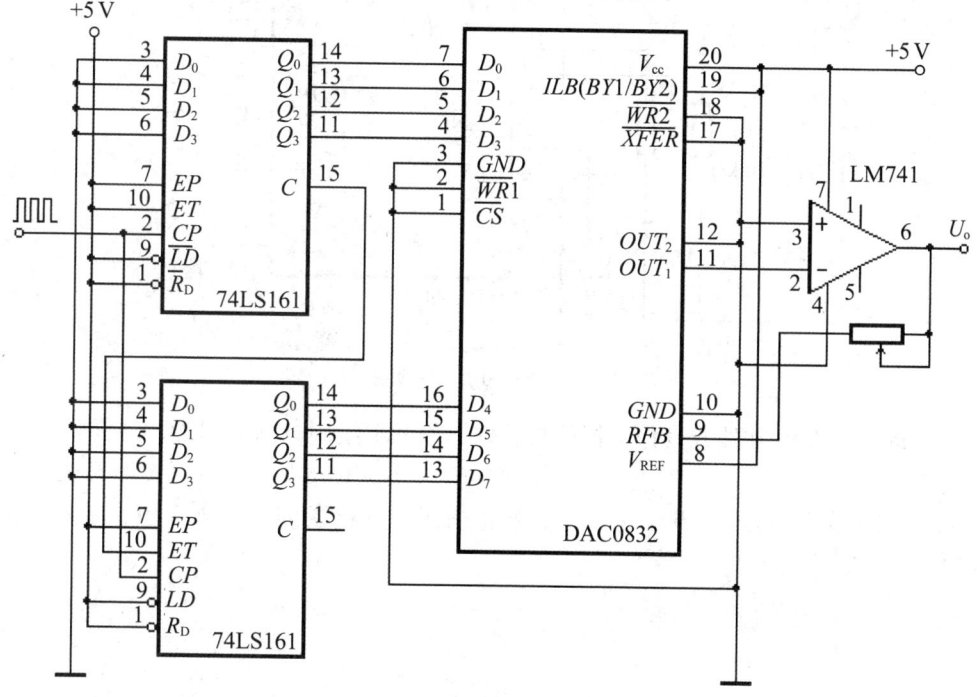

图 2　加法计数器 D/A 转换电路

实训项目二　ADC0809 A/D 功能测试

一、实训目的

（1）理解模/数转换的基本原理和工作过程。
（2）掌握 ADC0804 的引脚和使用方法。

二、实训设备与器件

多媒体课室。安装了 Proteus ISIS 或其他仿真软件。配备万用表 1 台，直流电源 1 台，逻辑笔 1 支，ADC0804 1 片，"面包板" 1 块，旋动开关 1 个，10 kΩ 电阻 1 个，电位器 1 个，47 PF 电容 1 个，按钮开关 1 个等设备器材。

三、实训内容及步骤

1. A/D 转换器功能测试

功能测试电路如图 1 所示。

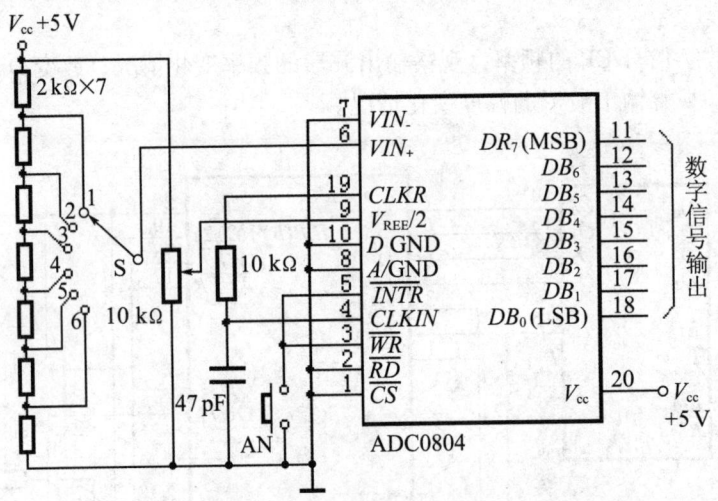

图1　ADC0804 功能测试图

运行 Proteus ISIS 软件或其他虚拟仿真软件，按图 1 绘制电路原理图，仿真。

旋动开关 S 分别至 1~6 位置，测量 ADC 输入端（IC⑥脚），按下按钮开关 AN，观察 ADC0804 输出端 $DB_0 \sim DB_7$ 逻辑电平变化情况，并记录到项目表 1 中，最后绘出输入输出波形图。

表1　A/D转换器功能测试数据记录表

输入（V）		输出							
开关S位置	IC⑥脚电压	DB_0	DB_1	DB_2	DB_3	DB_4	DB_5	DB_6	DB_7
1									
2									
3									
4									
5									
6									

2. ADC0809 A/D 转换显示

实训电路如图2所示。

（1）按照提供的实训电路进行仿真实验。

（2）按照图2绘制、制作印制电路图。

（3）安装或在"面包板"上连接电路。

（4）调试。

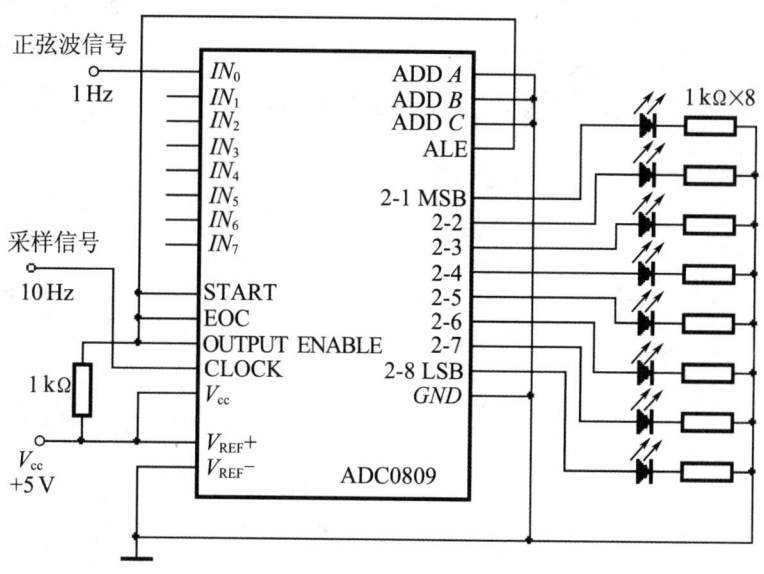

图2　ADC0809功能测试图

四、电路分析,编制实训报告

实训报告内容包括:
(1) 实训目的;
(2) 实训仪器设备;
(3) 电路工作原理;
(4) 元器件清单;
(5) 主要收获和体会;
(6) 对实训课的意见建议。

五、拓展训练

电路如图 3 所示是 ADC0804 转换电路,请读者自行练习。

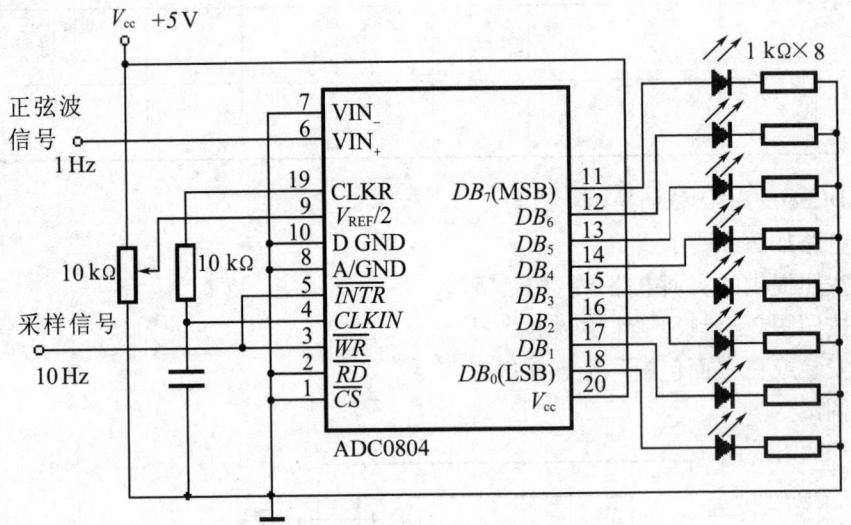

图 3　ADC0804 功能测试图

习 题

8.1 将数字信号转换为模拟信号应采用_____转换器。将模拟信号转换为数字信号应采用_____转换器。

8.2 A/D 转换一般由_____、_____、_____、_____四个步骤完成。

8.3 D/A 转换器的种类有_____型、_____型、_____型三种。

8.4 和 T 型电阻 D/A 转换器相比,倒 T 型电阻 D/A 转换器的优点是_____。

8.5 设满量程输入为 1 V,转换位数为 10 位,则 A/D 转换器分辨率为_____,最小可分辨的电压_____。

8.6 一个 8 位逐次比较型 A/D 转换器,完成一次转换是否需要时钟脉冲?如果时钟脉冲频率为 1 MHz,则完成一次 A/D 转换的时间是多少?

8.7 一个 8 位 D/A 转换器的最小输出电压增量为 0.01 V,当输入代码为 10001101 时,计算输出电压 u_o。

8.8 在图 8-3 所示的权电阻网络 D/A 转换器中,若 $V_{REF}=5V$,试计算当输入数字量为 d3d2d1d0 = 0101 时,输出的模拟电压值是多大?

8.9 在图 8-2 所示的 4 位倒 T 型电阻网络 D/A 转换器中,若 $U_{REF}=-8V$,输入 4 位二进制数 1111,试计算其输出的模拟电压值的大小。

部分习题参考答案

第一章

1.4 (1) $(1549)_D$ (2) $(0.5390625)_D$ (3) $(232.8125)_D$

1.5 (1) $101011 = (53)_O = (43)_D = (2B)_H$

　　 (2) $0.10101 = (0.52)_O = 0.65625D = (0.A8)_H$

　　 (3) $1110.1011 = (16.54)_O = 14.6875D = (E.B)_H$

　　 (4) $1101101011 = (1553)_O = 875_D = (36B)_H$

　　 (5) $0.10111 = (0.56)_O = 0.71875_D = 0.B8_H$

　　 (6) $10111.01101 = (47.32)_O = 39.40625_D = 27.68_H$

1.6 $(163)_8 = (73)_{16} = (115)_{10} = (001110011)_2$

1.7 (1) $(100101)_B$ (2) $(0.1010)_B$ (3) $(1010011.1010)_B$

1.8 (1) $(154)_8$ (2) $(266)_8$ (3) $(35.5)_8$

1.9 有4种，分别为真值表、逻辑函数表达式、逻辑图、波形图。

1.10 (1) $F = A\overline{B} + \overline{A}C + B\overline{C}$

　　　(2) $F = B + \overline{AC}$

　　　(3) $F = \overline{A} + \overline{BD}$

1.11 (1) $F = \overline{A} + \overline{B} + \overline{C}$

　　　(2) $F = \overline{A} + \overline{B}$

　　　(3) $F = AB + \overline{B}C + \overline{A}C$

　　　(4) $F = A\overline{B}$

　　　(5) $F = \overline{C}$

1.13 (1) $F = \overline{\overline{AB}\cdot\overline{BC}\cdot\overline{AC}}$

　　　(2) $F = AB + BC + AC$

1.16 (1) ×   (2) √   (3) ×   (4) √

第二章

2.6 (a) $Y_1 = 0$ (b) $Y_2 = $ 高阻   (c) $Y_3 = 0$

2.7 (a) $Y_1 = 1$ (b) $Y_2 = 0$ (c) $Y_3 = 0$

部分习题参考答案

2.9 真值表及输出波形图如下:

输入		输出
A	B	Y
0	0	0
0	1	1
1	0	0
1	1	0

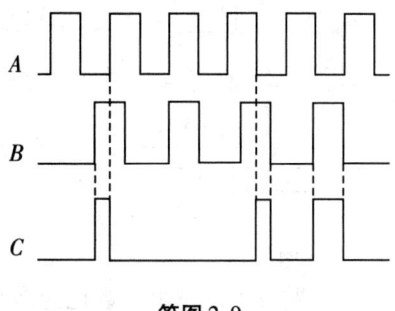

答图 2.9

2.12 (1) × (2) √ (3) √ (4) √ (5) × (6) ×
(7) × (8) √

2.13

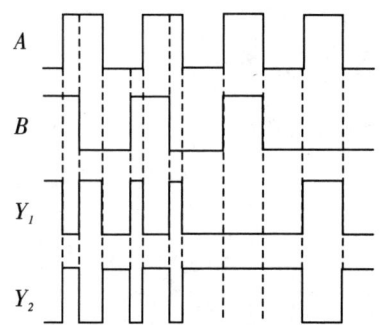

答图 2.13

第三章

3.8 见答图 3.8。

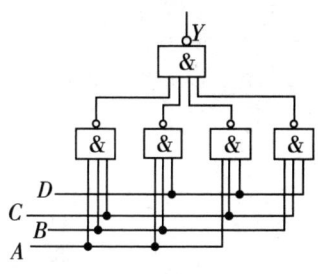

答图 3.8

3.13 见答图3.13。

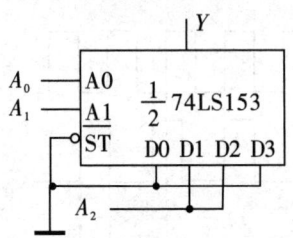

答图3.13

3.15 将题目给定逻辑函数化为最小项之和的形式，得到

$Y_1 = A\overline{C} + \overline{A}BC + A\overline{B}C = m_3 + m_4 + m_5 + m_6 = \overline{\overline{m_3} \cdot \overline{m_4} \cdot \overline{m_5} \cdot \overline{m_6}}$

$Y_2 = \overline{A}B + \overline{A}\overline{B}C = m_2 + m_3 + m_5 = \overline{\overline{m_2} \cdot \overline{m_3} \cdot \overline{m_5}}$

$Y_3 = \overline{A}\overline{B}\overline{C} + A\overline{B}C + ABC = m_2 + m_5 + m_7 = \overline{\overline{m_2} \cdot \overline{m_5} \cdot \overline{m_7}}$

见答图3.15。

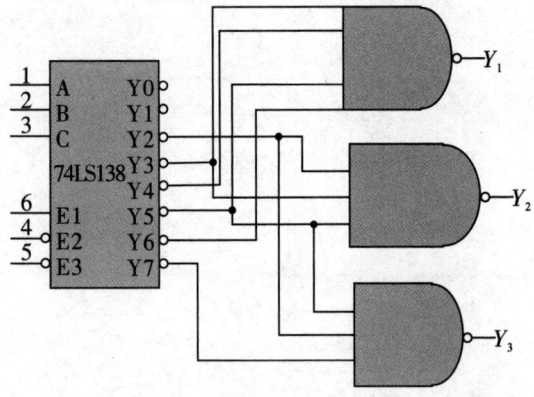

答图3.15

3.16 (1) ×   (2) √   (3) ×   (4) √   (5) √

第四章

4.7 见答图4.7。

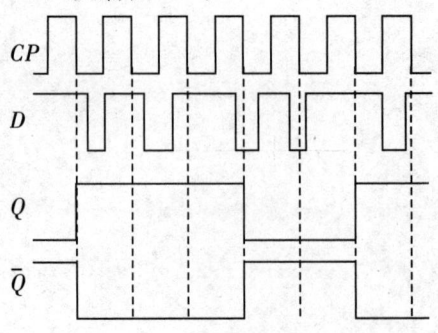

答图4.7

4.9 见答图 4.9。

(a) $Q^{n+1} = \overline{AB}\overline{Q^n}$（$CP\downarrow$ 有效）

(b) $Q^{n+1} = A\overline{Q^n} + \overline{B}Q^n$（$CP\downarrow$ 有效）

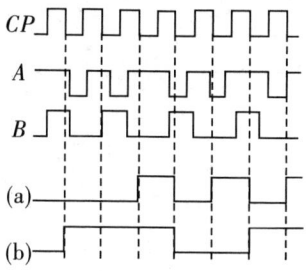

答图 4.9

4.10 特征方程：$Q^{n+1} = Q^n\overline{A} + A\overline{B}$

状态转换图见答图 4.10。

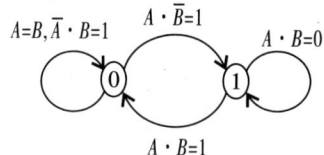

答图 4.10

4.11 状态转换图见答图 4.11。

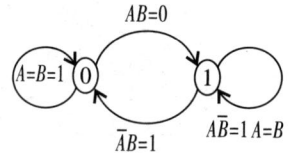

答图 4.11

特征表：

Q^n	A	B	Q^{n+1}	Q^n	A	B	Q^{n+1}
0	0	0	1	1	0	0	1
0	0	1	1	1	0	1	0
0	1	0	0	1	1	0	1
0	1	1	1	1	1	1	1

4.12 (1) √   (2) √   (3) ×   (4) √

第五章

5.6 状态方程为：

$Q_0^{n+1} = \overline{Q_0^n}$ （$CP\downarrow$ 有效）

$Q_1^{n+1} = Q_0^n \overline{Q_1^n Q_2^n} + \overline{Q_0^n} Q_1^n$ （$CP\downarrow$ 有效）

$Q_2^{n+1} = Q_1^n \overline{Q_0^n Q_2^n} + \overline{Q_0^n} Q_2^n$ （$CP\downarrow$ 有效）

状态转化图见图5.6。

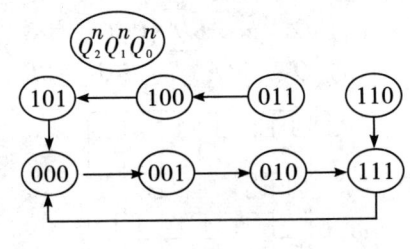

答图5.6

5.9 （1）图（a）是七进制计数器。图（b）是十进制计数器。

（2）图（c）中 $M=0$ 时电路为八进制计数器。$M=1$ 时电路为六进制计数器。

5.11 （2）电路连接图如答图5.11。

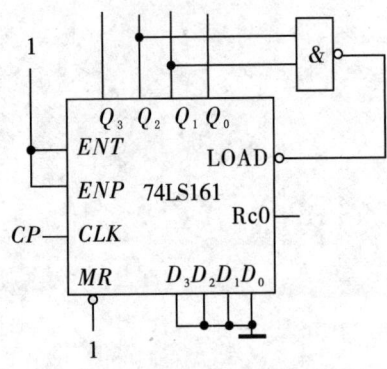

答图5.11

5.12 （1）√ （2）√ （3）× （4）× （5）√

第六章

6.4 u_o 波形如答图6.4。

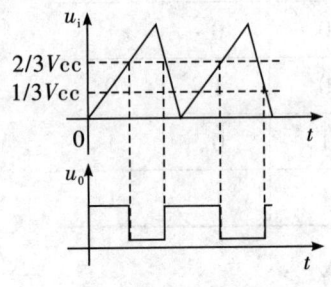

答图6.4

6.5 （1）振荡频率为 238 Hz

(2) 波形图见答图 6.5

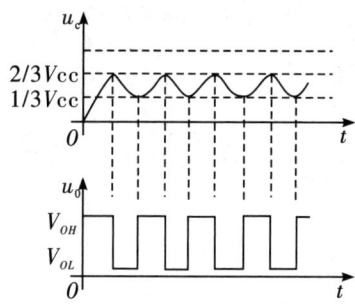

答图 6.5

6.7　(1) ×　(2) √　(3) √　(4) √　(5) ×　(6) √
　　(7) √　(8) √　(9) √　(10) ×

第七章

7.7　函数表达式：$F_1 = ABC + \overline{ABC}$
　　　　　　　　$F_2 = ABC + \overline{ABC}$

7.8　(1) ×　(2) √　(3) √　(4) ×　(5) √

第八章

8.5　$1/2^{10}$　$\dfrac{1}{2^{10}}V$。

8.6　$10\mu s$

8.8　$-1.5625V$

8.9　$7.5V$